职场达人修炼术

不懂这些，千万别来混职场

[美] 卡特·卡斯特（Carter Cast）/ 著　王静 / 译

THE RIGHT—AND WRONG—STUFF

How Brilliant Careers Are Made and Unmade

中信出版集团 | 北京

图书在版编目（CIP）数据

职场达人修炼术：不懂这些，千万别来混职场 /（美）卡特·卡斯特著；王静译 . -- 北京：中信出版社，2020.9

书名原文：The Right—and Wrong—Stuff

ISBN 978-7-5217-2024-2

Ⅰ . ①职… Ⅱ . ①卡… ②王… Ⅲ . ①成功心理—通俗读物 Ⅳ . ① B848.4-49

中国版本图书馆 CIP 数据核字（2020）第 124666 号

职场达人修炼术——不懂这些，千万别来混职场

著　　者：［美］卡特·卡斯特
译　　者：王静
出版发行：中信出版集团股份有限公司
（北京市朝阳区惠新东街甲 4 号富盛大厦 2 座　邮编　100029）
承 印 者：中国电影出版社印刷厂

开　　本：880mm × 1230mm　1/32　　印　　张：9.5　　字　　数：153 千字
版　　次：2020 年 9 月第 1 版　　印　　次：2020 年 9 月第 1 次印刷
京权图字：01–2019–7337
书　　号：ISBN 978–7–5217–2024–2
定　　价：59.00 元

目录 >>>

THE RIGHT—AND WRONG—STUFF:

How Brilliant Careers Are Made and Unmade

序　言

盲点与暗门

多数人都以为知道自己擅长什么，其实不然。

——彼得·德鲁克

2014年的夏天，我给一位20多年前的同事兰迪打了一通电话。我们已经多年没有联系，那次聊天非常愉快，但是通话结束后我还是不禁疑惑："为什么会这样？"兰迪聪明睿智，工作勤奋，受过良好的教育，曾在几家知名企业任职，积累了许多专业技能。他似乎具备了所有"正确条件"。但是，他的职业生涯在某一节点停滞不前，聊到这点时，我从他的声音中听出了失落。到底是哪里出了问题？

那次聊天让我回想起人生中刻骨铭心的一刻：收到负面的职业反馈。每个人都会经历这样的时刻，我的这一刻发生在20世纪90年代中期。在那次业绩评估中，老板对我的评价是"固执己见""刚愎自用""我行我素"，令我备受打击。

那时我32岁，已经在百事集团工作了9年，是菲多利（百事子公司之一）达拉斯分部的一名营销人员。我1986年进入百事集团工作，刚开始在威奇托的必胜客做市场经理助理。三年后，我升职为市场经理，负责塔可钟在加拿大安大略省的首次扩张。1995年，我成为菲多利新品研发部门的高级产品经理。能够在百事集团得到这几次晋升机会，我感到非常幸运。老板也认为我具备进入高级管理层的潜力。我对消费市场的各个基本面了如指掌，能够与消费者感同身受且擅长倾听，因此能让我们的产品获得消费者的青睐，提升公司业绩。我并不想要抢走所有的功劳，我对工作充满热情，并且喜欢开一些无伤大雅的玩笑。我的同事对我的描述大多是：工作努力、组织能力强、风趣幽默。哈里·杜鲁门曾说过："当你不计较功劳归谁时，便会取得惊人成就。"我对此深信不疑。

那次业绩评估的情形我仍然记忆犹新。老板迈克将我叫进办公室，准备就我的年度业绩评估报告展开讨论。他的开场白大意是"我比你更痛心"，这让我非常忐忑。我感觉情况不太乐观，立刻将报告翻到最后一页的"薪资部分"。百事集团会通过员工评级来判定其未来发展潜力，评估结果写在最后一页的右上角。以往我的业绩报告中，评估结果都是"L18+"（L18是指高级副总裁；当时我的职位是L13高级经理）。这次的结果却是"待定"，我有些惶惶不安。我的耳朵开始发烫，感觉自己的灵魂已经出窍，灵魂像看电影一样看着自己的一举一动。我将业绩评估报告翻回第一页，努力集中注意力听迈克讲话。

迈克没有做太多铺垫——他直截了当地告诉我，高层管理人员认为我不具备升职资格，在菲多利的职业前景也不太乐观。他列举了我的一些不恰当行为，并多次提到我“很难合作”“刚愎自用”“不好管理”。他还举了很多例子进行说明。例如，迈克曾经请了一位外聘顾问帮助我们进行市场调研，确定儿童零食市场的规模及发展潜力。当时，他要求我与外聘顾问合作完成这一工作。我却一意孤行，认为市场调研属于我的工作范畴，因此对外聘顾问的见面邀请置之不理。现在看来，这简直是大错特错。

这场谈话持续了 30 分钟，漫长且难熬。谈话临近结束时，迈克问我是否要为自己辩护。我能感觉到他情绪低落，因此选择了缄口不言。我本可以告诉他，当时他坚持要求我与外聘顾问合作，这种行为让我觉得他在质疑我的能力。而且，公司规模庞大，采用矩阵式管理方式，导致决策过程极其缓慢，职责分工不甚明确。在这里，用于处理内部关系、申请项目审批的时间甚至比处理外部关系、研发新产品和服务吸引消费者的时间更多，这让我感到灰心丧气。但是，我并没有说出口，只是简单问了一句我是不是被炒鱿鱼了。他说：“没有。但是，我希望你能在接下来的两周假期里，仔细考虑清楚你是否想继续留下来工作。说实话，我也捉摸不透你的想法。但是，如果你决定继续留在菲多利，我希望你能去其他部门。你可以考虑一下公司的其他营销岗位。”

休假期间，我向父母诉说了我的困境。起初，我决定离开公司。虽然菲多利是个很棒的公司，但它似乎不太适合我。过去几年，我一步步升职到中级管理层。在这一过程中，我发现自己在过程管理以及“打通关系”（“努力影响和迎合组织内部的掌权人”）上花费了大量的时间和精力，这让我感到气馁。我觉得自己不适合在菲多利工作，而且公司内部的官僚作风也让我不胜其烦。我擅长团队合作，但是面临上级的压力时，团队合作成了我的弱项。我选择对上级的施压置之不理，最后只能自讨苦吃。自主性和幽默感对我来说是双刃剑，运用得当便是优势，运用不当便会殃及自身。每当感觉自己受制于“权势”时，我的态度通常是置之不理，或者用不合时宜的冷幽默间接表达自己的不满。

我觉得自己是时候离开菲多利了，却不想在这种情况下落荒而逃。当我向父亲寻求意见时，他说我能在大型企业工作这么久已经出乎他的意料。他说：“我们卡斯特家族历来不适合在官僚作风盛行的地方工作。”我的父亲是一名医生，自己创立了一家外科医院。我的祖父是一名独立保险销售人员。当时，我心想：“为什么我在百事集团工作了将近 10 年，你现在才告诉我 ?!”

那次业绩评估成为我的“顿悟时刻”：我开始明白，工作努力、技能多样、了解行业、拥有工作热情并非成功的充分条件。即便是天赋异禀的人，只要存在行为过失，也会面临职业生涯停滞不前的困境。每当看到别人经历职业发展困境、面临降职和解雇时，那份令人感到丢脸的业绩评估报告便在我的脑海中挥之不去。最后，我决定就以下两个问题展开一场调查：阻碍人才职业发展的因素是什么？为什么有的人职业生涯停滞不前，有的人职业前景一片光明？

我们往往比自己想象中的更接近职业脱轨。老板提供的业绩反馈通常比较琐碎且不明确（事后看来，我非常感谢迈克给了我清晰明确的反馈意见），因此，当我们意识到问题时，往往为时已晚。事实上，50%~75% 的管理者和领导者都面临职业脱轨的问题[1]，其中 50% 以上的人面临被降职或解雇，或职业发展停滞不前，无法发挥内在潜力的问题。通过调查，我总结出容易诱发职业脱轨的五大因素，并称之为五大“典型角色”，从微观角度分析面临职业脱轨的人才所具备的特征。这样做是为了让这个话题更加人性化。如果你的第一反应是“这些角色都不符合我”，那么你可以看看每个典型角色的具体特征和行为表现——通常情况下，你会发现自己身上的一些关键问题，只要解决这些问题，你的业绩便会有所提升。没有人说过我“锋芒毕露”“目中无人”，但是我的确具备“神奇队长”的某些特征。我对老板的反馈置之不理、态度傲慢，从而导致了职业脱轨。

五大“典型角色”

神奇队长（captain fantastic）

这类人不惜一切代价追求高位。他们目中无人、不善倾听、不擅长处理人际关系，因此与同事关系不甚融洽。“神奇队长”式的人凡事以自我为中心，这类人或许刚开始会在公司中脱颖而出。但是，进入管理层需要他人的支持，他们总是拒人于千里之外，因此这类人最终会像伊卡洛斯[①]一样，引火上身、自取灭亡。

单飞者（the solo flier）

这类人通常是出色的独立贡献者，工作效率和自主性极高，会积极参与工作的全过程。他们独立自主、博学多才、精力充沛，取得过诸多辉煌成就。但是，他们并不擅长作为管理者组建和带领团队。他们要么是微观管理者，要么会独立挑起所有的工作重担。因此，团队成员往往会怨声载道，最终发动“政变”。单飞者与别人沟通时，口头语言和肢体语言都在叫嚣：“你靠边，我来做。”

1.0 版本的人（version 1.0）

这类人喜欢一成不变的工作方式，不愿做出丝毫改变。对于

① 伊卡洛斯，希腊神话中的一个人物，因傲慢和嫉妒而下场悲惨。——编者注

能够帮助他们适应不断变化的商业环境的新技能，能够提高工作效率和质量的新技术，他们统统拒之门外。如果新一届管理层想要重整公司，这类人便属于负隅顽抗的一派。他们自称“传统主义者”，但实际上不过是过于谨慎小心。他们认为“不到万不得已，绝不做出改变”。但是，从长远来看，这种态度对他们毫无益处，最终他们会像无法适应新环境的恐龙一样销声匿迹。

“一招鲜”式的人（the one-trick pony）

这类人拥有一技之长，而且在这一领域颇有造诣。但是，他们过于依赖自己的一技之长，久而久之便成为只会一种技能的人，很难得到晋升。1.0 版本的人拒绝改变，“一招鲜”式的人并未意识到自己需要改变——他们专业化程度高，在公司只能做一种工作。他们始终在重复做同一件事，工作经验单一，战略视野狭隘，因此，他们的职业道路也会停滞不前。“一招鲜”式的人对公司其他部门的运作方式一无所知，对为公司创造价值的业务活动也知之甚少。他们认为“我们生活在一个专业化时代”，因此理应专注于发展自己的一技之长。但是，最终他们会逐渐意识到，正是其狭隘限制了他们的职业发展。

苦行僧（the whirling dervish）

这类人整日都火急火燎地穿梭在办公室里，一边赶下一个快要迟到的会议，一边抱怨工作负担太重。这类人缺乏组织策划能力。他们通常极具创造力，新想法像喷泉一样不断涌出，却无法将其付诸行动。老板和同事都心知肚明，苦行僧会过度投入，工作效率低下，不能指望他们完成指派的任务，因此大家都不愿和他们共事。这类人总是自食其言，同时又在想："时间都去哪了?!"

过度关注员工优势的企业

具备这五类特征的人随处可见——不论是大企业还是小律所，不论是教育机构还是初创企业，不论企业类型或发展阶段，不论性别或资历。因此这一研究的适用性很强。那么，一个至关重要又令人困惑的问题来了：为什么企业没有帮助员工识别并解决这五大行为问题，降低职业脱轨的可能性？为什么在职业发展谈话中，人们对职业脱轨问题只字不提？这在某种程度上归咎于"专注发展自身优势"运动的兴盛。不可否认，这是一个积极正向的运动。专注发展自身优势这一理念并无坏处——当人们清楚自己的长处，并在工作中加以利用时，往往工作状态更好，效率更高。但是，如果人们过于专注自己的一技之长，从而忽略了其他自我反省和职业发展的方式，便会产生问题。"突出长处"已经成为许多企业的最新信条。《华尔街日报》称："这些企业的老板经常称赞自己的员工，鼓励他们庆祝微不足道的成就，并将员工的优势作为业绩评估的重点，却不去反思客户展示被他们搞砸的原因。”[2]

企业过于关注员工的优势会导致两个问题。第一，并非所有优势都同等重要。有时，员工的优势与企业的需求之间存在鸿沟。一般来说，工作环境对特定优势的价值起决定性作用；不同的行业类型、岗位职能、企业规模和发展阶段对员工的需求也不尽相同。有时，员工具备的技能和优秀的品质可能并非是处于某一发展阶段的企业关注的。[3]例如，你具有很强的同理心以及优秀的客户管理能力；而某家初创企业需要销售能力卓越，能为公司拉来更多客户的员工。那么，你所具备的能力对这家公司来说便价值不大。

第二，过于依赖员工优势会掩盖其关键技能的缺失，让他们无法找到阻碍职业发展的个人盲点，这一问题带来的负面影响更大。针对职业脱轨的研究表明，导致职业发展停滞不前的原因是具备“错误条件”（例如不顾及他人感受），并非缺乏“正确条件”（例如缺乏优秀的分析能力）。[4]如今，能力测评主要用于评估认知能力、情商、决断力等个人能力以及技术水平等职业技能。它们的问题在于仅仅评估了“正确条件”却忽略了“错误条件”，后者才是导致职业脱轨的元凶。出现这一情况的原因在于人们更倾向于关注积极面（发展能力），不愿解决消极面（导致职业脱轨的元凶）的问题。但是，如果对职业脱轨这种棘手的问题避而不谈，人们便无法意识到自己的盲点或弱势领域，无法制订相应的解决计划，最终只会自食苦果。他们无法获得个人反馈以及了解自己需要提高的领域，因此职业发展也会受挫。企业如果仅仅注重发展员工的优势则无法推动其职业道路的发展。那些未解决的发展需求迟早会限制他们的职业发展。

*

在与父母、好友和导师沟通并进行深度自省后，我决定重回菲多利。这一方面是为了挽回自己的形象，另一方面也是为了避免在简历上留下污点。最终，我在另一个团队觅得一个职位，过程非常曲折。当我向别人推销自己时，才发现自己“很难管理”的名声已经在高级管理层传开。最后，我加入史蒂芬·奎因的部门。他刚从加拿大分部调回美国，对我的问题知之甚少。我非常感谢他愿意接纳我。

在重新看了一遍业绩报告，仔细思考了迈克的话后，我意识到，我需要了解自己在哪种情况下会做出不当行为，同时找到切实可行的方法更好地进行自我管理，避免固执己见。为了找到答案，我首先梳理了自己在上次任务中的主要活动，并记录自己在何时开始感到不耐烦，想要反抗。我发现无聊漫长、过程导向的会议会勾起我的反抗欲，特别是在讨论与部门审批权等权利相关的话题，或是讨论通过一个项目所需的冗长复杂的内部流程时。如果一位有权有势但缺乏专业能力的人对我指手画脚，也会让我感到不满，比如包装部副主管。他为了减轻自己团队的工作负担，要求我减少多堤士沙沙酱产品的品类。但他不明白这样不仅会减少公司在零售店的货架排位，还会影响整个产品线的销量。

列出一些能够激起反抗欲的“高压”情景后，我觉得自己需要一个提醒装置——在临近爆发点时提醒我注意情绪管理。所以我做了两件事。第一，我将“洛克”这个词设为电脑屏保。霍华德·洛克是艾恩·兰德所著作品《源泉》（*The Fountainhead*）一书的主角。他遇事沉着冷静，即使是面对悲惨命运中的“明枪暗箭”，也始终泰然自若。就像罗纳德·里根一样，洛克最终安然无恙。面对他人的批评攻击，他能够淡然置之。我也要学会不将工作反馈上升到个人层面。第二，我找了一根粗橡皮筋并在上面写了好几个“B”。每当我因为会议进程缓慢而想骂人时，我便会低头看一眼橡皮筋，提醒自己深吸一口气，平息怒火，避免说出一些事后会后悔的话。

这个方法操作简单却收效良好。在一次多堤士产品测评会议上，我便用了这个方法。公司高层都出席了那次会议——包括首席执行官、生产部主管、首席营销官等。我提早到达会议室，默默坐到会议桌旁边的座位上。之后，与会人员渐渐到齐。我的上司是营销部副主管，他站在会议室的最前方准备开始会议。这时，研发部主管姗姗来迟，走进会议室。他径直走向我，并大声说道：“你坐在我的椅子上了。”当时我脑子里想：“哦？这是你的椅子吗？背后有你的名字吗？这就像是史蒂文·斯皮尔伯格和马丁·斯科塞斯在争夺奥斯卡奖吗？”不过，我低头看到了橡皮筋上的“B”，深吸了一口气，并向他说了声“抱歉”，然后又找了一个位置坐下。如果在那次业绩评估之前遇到这样的事，我很可能会跟那位研发部主管来一场毫无意义且极具破坏性的骂战。不过那时我选择了换座位。

后来，公司又将我评为具备升职潜力的员工之一，后来我升职为主管。这很大程度上得益于我的新上司史蒂芬·奎因的支持。在如何处理与高管层的关系上，他给予我许多建议。同时他还帮助我克服自己的弱势领域——人际关系问题（现在这仍然是我的弱势领域）。我总是做出一些损人不利己的行为。领导力专家罗伯特·霍根将这一行为称为“喜欢惹是生非”——想要追求刺激，测试极限，希望立刻见效，不愿按常理出牌。[5]霍根的研究表明人类共有11种常见的“黑暗面”性格，它们通常会在高压环境下显现出来，害人害己。霍根发现，存在至少1种“黑暗面”性格的人高达98%。导致我职业脱轨的原因是最常见，也是最具破坏性的一个：不擅长处理人际关系。我喜欢惹是生非的“黑暗面”性格常常会被企业官僚主义风气或严厉强势的权威人士激发出来。

20 年后，我通过领英找到了迈克——之前对我说狠话的上司，并邀请他一起聊天。我们两人自从那次业绩评估后便断了联系。在电话里，我问他是否还记得那次业绩评估。迈克笑着说："当然记得。"他又继续说道：

> 那次对你的业绩评估完全是基于事实。当时，团队想要制定一个新目标，我觉得你似乎并没有和我们一样投入其中。你不服从我的领导——按照自己的意愿行事。你很聪明，也非常具有人格魅力。你知道可以利用这两点达成自己的目标，我希望你能做更多。我希望你能利用高超的说服力辅助我实现新的目标，但是你不这样做。所以，我认为你理应获得那样一份业绩评估，这样你才能知道，如果想要继续留在公司，你必须改变自己的行事作风。

在 20 世纪 90 年代，百事集团的高管经常用一个比喻，他们将公司的高层管理者和领导者比喻成"结队飞行的雄鹰"，迈克也引用了这句话。以前我觉得这句话可笑，它让我泄气、感觉束手束脚。但是在那次业绩评估之后，我终于明白，如果想要摆脱职业困境，继续留在百事集团，我必须或多或少地接受这一思想，试着融入团队，按照既定路线前进。

尽管我已经离开菲多利很多年，但是，听到迈克谈论当时与我一起工作的经历，听他开玩笑地重复说我“聪明、有人格魅力”时，我还是免不了感到难为情。我那时缺乏自我意识，不明白自己的不当行为会对职业道路造成如此大的破坏，直到我被“一拳打醒”，发现自己已经出现职业脱轨。事后看来，迈克给我的业绩评估是我的职业生涯中最有用的一份评估——比一份满是夸赞的业绩评估对我的帮助更大。他的开诚布公让我更了解自己的弱点，同时也迫使我直面并解决这些弱点，只有这样才能推动我在职业道路上前进。

职业脱轨的具体含义

此前被认为具有升职潜力的管理者或主管遭到解雇、降职，事业发展面临停滞或业绩低于预估水平，便是职业脱轨。[6] 两位领导力研究专家发现，“个人的价值观念和发展道路与企业的价值观念和需求不符”，便会引发职业脱轨。[7] 职业脱轨的原因多种多样。技能不足、缺乏经验知识等与工作岗位相关的问题是一大因素，因不擅长处理人际关系而无法有效管理或领导团队是另一大因素。另外，职业脱轨也有可能是由个人的价值观念和目标与企业文化互相冲突导致的。这便是我发生职业脱轨的原因。尽管我也不擅长处理人际关系（在某些情况下我非常顽固），但是导致我在菲多利发生职业脱轨的主要原因还是本人的价值观和需求与公司文化规范存在冲突。我重视自主性和创造性，不愿受权势控制，繁杂的流程让我失去斗志。几年之后我做了一次霍根性格测评，测评结果是：我重视“独立自主表达，创新以及突破传统思维”，“对传统观念持怀疑态度”，不喜欢“老套传统、重视流程而非理解”的工作环境。我应该在“重视创新和想象力，关注产品设计质量，包容性较高”的环境下工作。菲多利的确是个很棒的公司，但是1995年的菲多利并不符合以上要求。我的问题在于当时不够了解自己。

经历职业脱轨的人之前往往是非常成功、天赋异禀、正处于职业上升期的人才。他们如果没有意识到自己的弱点或在人际交往中的盲点，或者盲目自信地认为职业发展反馈对自己毫无用处，那么便极易出现职业脱轨问题。我们将在之后的诸多案例中发现：有天赋的管理者和领导者“职业生涯受挫”的原因在于没有意识到自己存在人际关系问题，或在遇到人际关系问题时没有能力或缺乏意愿改正自身行为。因此，对正处于职业上升期的人来说，狂妄自大而非缺乏天赋才是导致失败的关键因素。

利用他人完成工作（领导力的实质）需要多种技能，包括专业技术能力（深谙对企业成败至关重要的领域）、自我认知能力（尤其是强大的自我管理能力——自我理解能力和自控能力是提高自我管理能力的关键），以及人际交往能力（能够与他人建立并保持良好的人际关系并获得他人的信任）。缺乏岗位要求的技术能力可能会导致职业脱轨。但是，缺乏自我认知能力和人际交往能力往往更易导致职业脱轨，因为缺乏这两种能力的管理者很难信任他人能够完成目标。我对 100 位经历职业脱轨的管理者进行了研究调查，并对其中一小部分人进行了后续采访。这项研究很能说明问题。结果显示，这 100 位受访者经历职业脱轨的两大原因是："缺乏自我意识"和"不擅长与他人合作"。[8] 已故管理学大师彼得·德鲁克曾说："多数人都以为知道自己擅长什么，其实不然。"[9] 著名职业脱轨研究者罗伯特·霍根、乔伊斯·霍根和罗伯特·凯泽认为："职业脱轨追根溯源是人际关系问题。"[10]

当然，个人因素有时也会导致职业脱轨，比如健康问题，个人选择（不愿更换工作地点，想要平衡家庭与事业）等。尽管这些因素在职业发展中也非常关键，但是它们因人而异，也很难彻底解决并归纳总结。正因如此，本书将主要讨论因非个人因素引发的职业脱轨。

本书的目的

本书将详细讨论职业脱轨问题，帮助天赋异禀的人才实现其潜在可能性。本书的目标是帮助读者理解、评估、解决阻碍职业道路发展的问题。笔者将提供多种策略，帮助读者避免职业脱轨或使其在脱轨后重回正轨。以下三大策略将是本书讨论的重点：

- 发现自己的弱势领域，尤其是在人际交往方面存在的潜在问题。
- 在转型期了解新的工作需求。
- 提高学习敏锐度，以提高“职业灵活度”，掌控自己的职业发展道路。

在本书中，你将获得专家提供的建议并读到许多天赋异禀的人才亲身经历的故事，看到他们如何在经历职业脱轨后重回正轨。本书还将提供自我测评，帮助读者评估自己是否存在职业脱轨迹象。这些测评是我与美国西北大学凯洛格商学院的工商管理硕士共同研发并测试通过的。同时，本书还将为读者提供多种解决职业脱轨问题的实用策略。

在本书的第一部分，我将详细描述导致职业脱轨的五大因素并提出应对方法。

在本书的第二部分，我将讨论具备正确条件的业绩卓越员工的行为，并说明他们与业绩平平或业绩较差员工的区别。这部分还会研究业绩卓越员工的特质、行为、发展实践，讨论他们获得青睐，职业道路扶摇直上的原因。

为帮助读者找到适合自己的工作，我将在本书临近结尾的部分讨论如何提高自我理解能力，了解自己的驱动力。在本书的最后，我将提供 8 种方法，帮助读者掌控自己的职业生涯。

我有一位做高管教练的朋友，他将职业脱轨行为称为“拥有暗门的盲点”。我们只有通过暗门，才能防止盲点阻碍我们发现自己的弱势领域。“当局者迷，旁观者清”，我们常常会对导致自己职业脱轨的原因感到震惊，周围的人却早已经看透。此书旨在让读者发现自己的盲点，纠正自己的行为，找到暗门，推动职业道路不断发展。

第一部分
五大典型角色

>>>

THE RIGHT—AND WRONG—STUFF:
How Brilliant Careers Are
Made and Unmade

第 1 章

神奇队长：害人害己的“破坏大王”

你正在和团队成员比尔开会，“神奇队长”没有敲门便闯进办公室，他打断会议说道：“抱歉，我们必须谈谈，只需要一分钟。”他是采购部副主管，而你是市场经理，所以你只能不情不愿地答应下来，说：“好的，我和比尔的会议马上结束，再给我两分钟。”他却说：“抱歉，我现在就需要和你谈谈。我和主管一小时后要乘坐湾流公务机出差。”

不等你回答也不等比尔离开，他便一屁股坐下来开始大谈特谈，说你针对新产品线蓝色亮闪牛仔裤设计的营销活动收效甚微。他说：“模特没什么吸引力。广告词单调无趣——双关语‘glitter and Twitter’（闪亮和推特）的使用毫无意义。而且我从来没有在黄金时段看到过这个广告播出——我们的广告到底在什么时候播出？是在午夜电视节目间隙和动物形状的花盆广告一起播出吗？”

你深吸一口气，准备一一解答他的问题。正当你打算解释在概念吸引力测试中，目标顾客更偏爱长相自然的模特，而不是竞争对手一贯使用的“高级脸”模特时，他却打断你说道：“我是出于礼貌才来和你面谈的。我主要是来通知你，我打算撤掉这个广告，建议你雇用另一家广告公司。我刚好知道一家不错的广告公司。”你提醒他应由市场部全权负责广告相关的事宜，而非采购部。他却说“如果市场部设计的广告没有提高产品销量，就应该另当别论了”，然后便起身离开。

“神奇队长”熟练地挥动着大锤，杀出一条通往他办公室的路。“神奇队长”不顾及他人感受、狂妄自大、情绪多变，是名副其实的“破坏大王”。他们总是对别人的意见不屑一顾，因此当形势发生变化，公司发展速度减缓时（这是不可避免的事情），没有人愿意向他们伸出援手。公司发展强劲时，决策者常常会对他们的行为视而不见或选择原谅。但是，如果业绩不尽人意，那么“神奇队长”一定会被炒鱿鱼。

“神奇队长”的问题何在

“神奇队长”的特点是：由于人际关系问题而导致职业生涯受挫。“神奇队长”的自我管理能力较差，外在表现为狂妄自大（尤其是不顾及他人感受、对他人冷漠、不屑一顾），戒备心强（尤其是不愿接受批评、不善倾听）。“神奇队长”缺乏自我意识（尤其是无法意识到自己的话语行为会对他人造成影响）的程度近乎荒谬可笑（不过，如果批评的对象是你就不可笑了），从而导致“神奇队长”的自我管理能力更差。

具有“神奇队长”特质的人往往会因为以下几个原因职业发展受挫：

- 狂妄自大，对他人的意见不屑一顾。
- 野心过大，只关注自己的职业发展，损人利己。
- 戒备心强，不善倾听、不愿接受他人的建设性批评意见。
- 不顾及他人的感受，缺乏同理心。
- 无法保持沉着冷静，压力管理能力较差，例如：情绪突然爆发或反应过激。
- 不信任他人，怀疑他人的动机。

不擅长处理人际关系的人属于“最严重的一类职业脱轨者”。著名高管教练、《没有屡试不爽的方法》（*What Got You Here Won't Get You There*）作者马歇尔·戈德史密斯表示：“我所见过职业脱轨最严重的一类人便是缺乏自我管理能力的人——他们不懂得谦逊，不愿意倾听，不愿意向他人学习。”[1]

不论年龄、薪资水平、种族或性别，“神奇队长”存在的问题都是导致职业发展受阻的首要原因。[2]如果一定要说有什么不同的话，那就是：随着职业道路的发展，建立良好人际关系的重要性不断递增。在从独立贡献者向管理者或领导者转变的过程中，面对空前复杂的工作项目，人们越来越需要依赖他人完成工作。有些天赋异禀、正处于职业上升期的管理者傲慢自大，没有意识到建立良好人际关系的重要性。我经常对他们说："记住，'我们'比'我'知道的更多。"谷歌的领导者招聘主管斯图尔特·卡普兰在和我的一次谈话中着重强调了这一点："在职位不断提升的过程中，相比数据能力，与他人建立良好的关系更为重要。晋升到中级或高级管理层时，你便开始需要建立人际关系。这是一种观念的变化。你需要控制自我意识，不要过于纠结结果，要将重点放在建立人际关系上。此时，个人能力的重要程度降低，获得他人的信任变得至关重要。"[3]

亚娜·里奇是硅谷一位备受尊重的高管猎头，同时也是里奇人才猎头公司的创始人，曾为爱彼迎、谷歌、优步等公司招聘高管。她强调，在面试中表现出较差的自我意识管理能力以及不善倾听会让面试者大大减分。她说："我在面试时常常会问面试者一个问题，'你能否用 10 分钟简述一下你的职业生涯，重点说明你职业转型的方式和原因？我已经看过你的个人简历，对你每份工作的具体内容以及获得的成绩有所了解，所以我希望你可以跳过这部分。我很好奇你改变职业时的想法。再次提醒一下，请将时间控制在 10 分钟以内。'"然后亚娜笑着继续说："我没有开玩笑——你简直不敢相信有多少人啰啰唆唆讲了三四十分钟！他们难道没有自我意识吗？难道没有倾听能力和交流技巧吗？不是要进行一场有来有往的趣谈吗？这简直成了他们的主场！我只要求他们提供一个简单的描述，面试者却喋喋不休地一直说。我怀疑他们在人际交往中很难体会到别人的感受，甚至觉得他们一点不为别人考虑，很难与他人共事。”[4]

引发职业脱轨的人际交往问题有很多，其中以下 6 种最为严重：戒备心强，狂妄自大，无法保持沉着冷静，喜欢惹是生非和出风头，无法信任他人，行事被动。[5]

第一大问题是戒备心强。戒备心强的人很有可能无法获得精准的业绩反馈。同级和下级都会对他们避而远之，不愿说出自己的想法（何必呢？——自己的想法总会立刻被忽视）。最终，戒备心强的人会发现自己很难得到准确、有帮助的工作反馈。负面影响会逐渐累积，最终导致职业脱轨。戒备心强、不愿接受批评的人无法从经验中吸取教训并提高自己。在职业生涯早期，我也非常抵触负面反馈——也并没有意识到自己的这一缺点。面对他人的评价，我一直在想应该如何有理有据地回击，而非从中寻找可取之处。我是否愿意接受他人的批评直接取决于我投入某个项目的时间和精力。我在塔可钟加拿大分部担任市场经理时，有一次有幸向分部的市场部副主管展示我们最新设计的电视广告策划，我非常激动。但是，在他注意到方案中的瑕疵并指出的时候，我一直在打断他，我自认为这个策划极具创造力，不停地为它辩解。最后主管说：“卡特，你像只青蛙一样一直在说‘是的，但是’‘是

的，但是’‘是的，但是’。你能不能先别说话，听我讲完？我在餐厅营销方面有非常丰富的经验。”

为了避免再次出现这种情况，我为自己树立了一个座右铭，每次面对批评我都会提醒自己：“我要保持中立；我要保持中立；我要保持中立……”我相信自己并非个例，由于戒备心强而导致职业发展受挫的人数不胜数。最近，我在阅读报纸的体育板块时，看到费城76人队的前队员、超级球星阿伦·艾弗森被选入“奈·史密斯篮球名人纪念堂”。艾弗森说自己还没有打电话给教练拉里·布朗表示感谢，因为他觉得自己听到教练的声音会“像个小孩子一样大哭”。艾弗森在2016年“奈·史密斯篮球名人纪念堂”介绍仪式结束后接受采访时告诉记者：“我喜欢做自己。我不会因为自己的肤色感到别扭。但是如果非要说作为一名运动员有什么愿望的话，那么我希望自己之前能够听从教练的意见。之前我总是目空一切、自命不凡，而他一直以来都是为了我好……我之前应该听取他的一些建设性意见，我却没有。”艾弗森还说，在自己不再反抗教练、开始听取他的意见后，便从一位天才球员变成“美国职业篮球联赛最有价值球员”（MVP），他所在的球队也进入美国职业篮球联赛（NBA）总决赛。[6]

“神奇队长”的第二大人际关系问题是：狂妄自大。这类人会因为有胆有识而快速升职，但之后也会经历惨败。他们通常自私自利，只顾自己升职，不顾他人感受和团队利益。他们或许与上级关系融洽，但与同级和下级水火不容。我在百事集团见过许多“神奇队长”式的人。一个非常聪明、受教育水平高、野心勃勃的人升职速度很快。最后，他升到一个较高级别的管理岗位。这个岗位要求他必须依靠他人完成工作，但是，他自以为无所不知，总是对他人的提议嗤之以鼻。没有人愿意为他工作或与他共事，他也无法获得他人的信任，然而他人的信任是完成工作必不可少的条件。没过几天，我就看到人力部门贴出告示说这位神奇队长“被调到一个特殊的项目组”，12 周后他离开了公司。

Oportun 是一家为没有信用记录的人建立信用积分、提供贷款的公司，其首席执行官劳尔·巴斯克斯说：“我在思考导致职业脱轨的原因时发现，以自我为中心是一个很重要的因素。当一个人追求自我甚于从工作中获得成就感时，便会出现问题。这是一场自我与他人的较量。你是更愿意为自己做事，还是更愿意服从团队的需要？”劳尔提起一个例子：“有一个非常有天赋、正处于职业上升期的营销新人，他总是把自己的想法强加于同事。他不愿意听取别人的客观评价，一直强迫别人接受他的提议。他非常聪明，技能多样。但是，他空有勃勃野心，不谦虚谨慎，也从来不从他人的角度考虑问题。他总是一副盛气凌人的样子，之后又请求原谅；他总是一意孤行，之后再负荆请罪。他的错误总是由别人来承担后果。”劳尔顿了一下又继续说道：“没过多久他就离开了公司。”[7]

导致职业脱轨的第三大人际交往问题是：无法保持沉着冷静。管理者如果无法保持沉着冷静，便很难与下属保持良好高效的联系。团队成员希望领导者能够保持情绪稳定、积极乐观，对未来充满希望。如果老板总“阴晴不定”，抗压能力较弱，团队成员便会感到不安。他们会想：“这次老板会表现出哪一面？”狂妄自大和戒备心强都会通过行为体现出来，但是无法控制情绪的人总是不按常理出牌，难以预测。好的一面是，情绪多变、反应激烈的人通常极具创造力，对工作认真负责。但是，坏的一面是，整个团队会因为他们而动荡不安、摇摇欲坠。高管教练、美国西北大学凯洛格商学院创业培训兼职讲师布鲁克·沃科维奇说：

> 情绪多变的领导者会影响整个团队，这对周围人来说是一种折磨。如果职级较低的员工无法控制情绪，他们会立刻得到警告。但是如果情绪多变的高层领导者越来越多，整个系统便很难立刻做出反应——等到采取措施时已经晚了。原因在于：情绪多变的领导者在公司的权威人士面前控制能力极强，很少露出真正面目；或者说，他们对公司至关重要，其他人不愿因提供负面反馈而影响与他们的关系。面对这种上司，下属需要非常冷静（虽然很不公平），他们要保证在上司情绪失控时自己从容不迫。否则他们就要替老板擦屁股。情绪多变这个问题很难解决，而且还可能导致整个团队的工

作环境极不稳定。[8]

第四大阻碍人才职业发展的人际交往问题是：喜欢惹是生非和出风头。这类人喜欢炫耀卖弄，他们无法控制自己的冲动，让他们与高级管理层和重要客户沟通会非常危险，因为他们可能会说错话。同时，拥有这一特质的人也很难集中注意力于一个任务，或一直跟进优先级业务。喜欢卖弄、爱出风头的人通常极具想象力——他们总是有源源不断的新想法，但做任何事都只是心血来潮。他们会被“光鲜亮丽的事物”吸引。下属对他们的描述是：好的一面是他们极具创造力，有远见卓识，能够鼓舞人心；坏的一面是他们非常感情用事，想要引人关注，总是三心二意，团队管理能力和决策能力较差。一位高级软件销售经理非常容易感情用事，而且喜欢卖弄，在他的360度绩效评估的反馈报告中，一位同级的同事表示：“他总是想要成为焦点，尤其是他的下属在场时，或者是在招聘宣讲会上。就好像有人拧了他的发条，他开始喋喋不休地说一些小故事、小玩笑、奇闻逸事。这些本来是趣事，他却不懂得适可而止、过犹不及的道理。他可能会说自己是为了活跃气氛，但其实每个故事归根到底都是关于他自己。这毫无意义，只是在浪费时间，让我们无法专心处理手头的工作。”

第五大人际关系问题是：无法信任他人。有这种特质的人往往工作勤奋、效率高。他们质疑每件事，谨慎小心，因此能够精准地发现公司内部的政治阴谋。但同时他们悲观消极，很难与人共事。下属会发现他们只是微观管理者并且不擅长分配任务。同级会觉得他们疑心病太重，不信任他人，这种态度会影响团队关系，造成敌对现象，导致工作项目难以进行。在百事集团，我们团队称这类人为“影响销量的团体”。在跨部门合作项目中，我们会尽量避免与这类人合作。我发现，对一切持怀疑态度是技术部门（包括生产部、研发部、软件开发部）、金融部门和法律部门工作人员的天性。尽管这合情合理——他们的工作性质要求严谨、准确、细致，这样才能够促进公司发展、保护公司财产，但是，在与这些部门的工作人员（尤其是公司的法律顾问、金融经理和首席财务官）打交道的过程中，我发现有时他们的怀疑并非是出于严谨，而是因为不相信“新事物、新想法”。在这种情况下，我会将谈话从“为什么我们不能……”转变为“我们如何能够……”。

导致职业脱轨的第六大人际关系问题是：行事被动。行事被动的人通常是“最佳士兵”，他们会一步步推进项目完成。但同时他们也会阻碍企业发展，减缓创新进程，造就崇尚平庸的企业文化。他们总是想方设法地避免风险，无法独立工作，因此业绩平平。高管猎头泰德·马丁专门帮助发展迅速的风投公司和私募股权公司雇用高管，他说：

我面试过很多人，他们不停地说自己非常忙碌、行程很满，因此他们认为自己工作努力，理应得到升职。但是要注意的是：按时参加会议，听从上级指示，做好分内的事情并不代表你工作能力强，应该升职。其实，这样的人数不胜数，我将这类人称为“过程促进者”。他们是流水作业线上的搬运工，并没有推动企业变革。工作能力强的人往往是突然出现、推动创新。这两者截然不同。[9]

在这六大人际关系问题中，戒备心强会阻碍人们的学习和发展，因此我想要着重讨论一下它的危害。了解自己是实现职业成功的关键因素，戒备心过强则会影响人们对自己的理解和判断，导致其无法改正自己的错误行为。研究表明，与开朗明理的人相比，戒备心强的人获得的反馈更少。这会进一步降低他们自我感知的准确性，导致盲点增加。[10]

没有意识到自己在人际交往方面存在不足会产生很多问题，27 岁的塞西莉·布鲁克斯便是一个例子。她曾就职于美国一个大型零售公司，并参加了一个关于店铺运营的管理层发展培训项目。[11] 她聪明能干、积极向上，培训任务完成得非常出色。18 个月后培训结束，塞西莉被提拔到该公司另一家门店的人力部，负责新岗位招聘工作和新人定岗培训。她说：“那是个很大的门店，我是人力部的二把手。”但是，一年以后她离职了。她说因为自己想暂时离开零售业。我小心翼翼地深入打听后发现了她离职的其他原因。她说："我没有得到自己想要的发展机会，这份工作的前景也十分有限。"当我问她在业绩反馈中能否发现自己缺乏发展机会的原因时，她回答说："倒是有一个。同事说我在小组会议以及与同级交谈中过于强势激进。员工离职率高是这个门店的主要问题，这个问题给了我很大的压力。我在刚上任的第一次会议上，经过深思熟虑，针对这个问题提出了一个非常棒的计划，其他人只需要跟着计划做就可以。那个计划真的很棒，但他们的反应是：'嘿！我们甚至都不认识你，别那么着急。'"我问她这是否只是个例，她说："应该不是。我们每季度都有一次业绩评估会议。我的老板不止一次告诉我，我在建议推行一项计划之前应该先去争取同事的支持。我觉得老板可能认为我没有把这个反馈放在心上。"我问她："那么你有吗？"塞西莉说："我觉得我有，但是我的老板一直在换，这让我有些烦躁。"我又问她每个老板的反馈是否相似，她说："我觉得是的。我感觉自己很难接受别人的批评。我是个完美主义者，真的很难接受负面评价。我不喜欢负面评价，就选择对它充耳不闻。我只想听到正面评价。"

"黑暗面"性格理论概述

反常性格是导致这六大人际关系问题的根本原因，这些性格通常在高压情况下才会显现。例如，塞西莉被调到新的门店负责解决员工流动率问题便属于一种高压情况。60年前，神经分析学家卡伦·霍妮提出的神经症理论以及对人性阴暗面的探讨影响深远，至今仍被广泛应用。[12]通过临床研究，霍妮得出：神经症与人们日常处理和管理人际关系问题的方式有关。她认为神经症属于实时应对机制，并根据其需求将应对策略划分为三类：“对抗他人”，“远离他人”以及“亲近他人”。[13]

“对抗他人”是指通过获得权力和社会认可来控制他人。他们会通过激进的行为、个人魅力或间接操控来实现这一目的，以此避免让自己吃亏，增加自身价值。这是“神奇队长”式的人会采取的主要应对策略。这类人外表强硬，但内心是一个恐惧的小孩，想要“在别人攻击他之前先下手为强”。

“远离他人”是指个体通过疏远他人和疏远自我来获得安全感，主要表现为：渴望自力更生，渴望获得自主权，以此来保护自己。他们的另一大典型特征是：不愿意接受批评，追求完美。他们无法接受他人的批评或挑错，认为这是对其自身价值的否定，所以对待工作会再三检查，不断完善。有时，因为害怕受到批评或被“挑拣出来”，他们会选择置身事外——仅仅做旁观者、远离风口。

“亲近他人”是指个体通过顺从他人来获得安全感，主要表现为：想要获得他人的喜爱和认可以及迎合他人。在工作中，这类人往往尽职尽责，他们会努力讨好他人，不惜一些代价避免正面冲突。

在20世纪90年代，两位心理学家罗伯特·霍根和乔伊斯·霍根基于霍妮的研究设计了一个性格测评工具——“霍根发展调查表”。许多职业教练都利用这一工具，帮助人们识别人际关系问题所反映的性格行为风险。[14]霍根夫妇将11种“黑暗面”性格根据霍妮的“三大应对策略”进行分类，并基于此对测试者进行评估和打分。多年的调查研究发现，这些性格对工作关系和工作效率都会产生负面影响，如果不加以解决，便会影响职业发展道路或导致职业脱轨。我对霍根夫妇提出的“黑暗面”性格进行了总结，并列出了它们与霍妮提出的三大应对策略之间的关系（见表1）。[15]

表1 霍根“黑暗面”性格与霍妮“三大应对策略”

霍妮“三大应对策略”	霍根“黑暗面”性格
远离他人（通过逃避的方式应对）	激动（喜怒无常，情绪多变） 多疑（不信任他人） 谨慎（拒绝改变） 内敛（待人冷漠，不顾及他人感受） 松散（消极反抗）
对抗他人（通过攻击或操纵他人的方式来应对）	大胆（狂妄自大，我行我素） 喜欢惹是生非（有个人魅力，寻求刺激） 喜欢卖弄（过于夸张做作，想要获得关注） 富有想象力（具有创造力，特立独行）
亲近他人（通过服从的方式来应对）	勤勉刻苦（一丝不苟，死板顽固） 尽职尽责（唯命是从）

霍根的研究表明，几乎每个人都至少有一种“黑暗面”性格，多数人有两到三种。[16]我最近做了一次“霍根发展调查表”，结果显示我既“喜欢惹是生非”，又比较“随意”。前文已经说过前者对我产生的负面影响。“随意”用霍根的话来说就是“固执己见，独立自主，怀疑他人尤其是上级意图不纯”，体现在行为上便是：一味追求自己的事业，不愿意帮上级做事。[17]如果老板是我尊敬的人，我会努力工作，做一名模范员工；我会听从指令，按时完成任务，想尽一切办法帮助上级完成工作。但是，如果老板过于小心谨慎或仅仅是一个微观管理者，我会拒绝听从他的指令，按照自己的意愿行事，忽略老板的要求。在菲多利度过的尴尬又煎熬的那几年，我发现这并非有效的管理策略。就像Bobby Fuller Four乐队唱的一样：“我反抗法律，但最终法律仍然占了上风。”我做“霍根发展调查表”时是2014年，那时我已经51岁。如果可以，我希望自己能早点做这份测试，早点把了解自己当成首要任务。

心理学家丹尼尔·戈尔曼对情商的研究进一步说明：了解潜在行为脱轨至关重要，这样我们才能够积极应对问题。戈尔曼认为，避免这种破坏性行为的关键在于培养以下两大自我认知能力：自我意识能力——能够意识或理解自己的情绪、情感和需求及其对他人的影响；自我管理能力——能够控制自己的冲动和负面情绪，慎重思考后行动。[18]如果当时我能花点时间去了解自己的行为缺陷，或许我能够建立有效的自我管控工具，后来也不会陷入职业脱轨的困境。

Gogo 是一家提供机上娱乐和信息服务的公司。亚历克斯·莫伊是该公司的产品管理主管。他告诉我，他在美国蜂窝公司工作时曾收到一份职业反馈，对他的职业发展有很大的帮助：

> 我是工程师出身，周围人都是直来直往的性格。我被提拔到管理层后，大家都说我莽撞冒失，尤其是在一些比较重要的场合——比如大家都严阵以待的产品会议上。我有一位很棒的老板，他告诉我，我应该在发表意见之前多听听别人的意见并观察他人的行为，然后思考怎样才能“拉拢”他们，如何间接委婉地向他们传达自己的想法。这次反馈成为我的一个重要时刻。我老板说，他之前也和我一样，所以我可以借鉴他的经验。[19]

莱拉·塔拉夫是皮爷咖啡的第一位首席人力资源官，现在在私募股权公司 GI Partners 担任人力资源主管。她说，培养自我意识与加深自我理解对降低发生职业脱轨的可能性至关重要。她表示，自己在 20 多岁时由于缺乏自制力和专注力，对自己与他人相处的模式不够了解，职业道路一度停滞不前。她说自己当时“冲动鲁莽、过于挑剔，遇到工作进程过于缓慢便蛮横无理、不尊重他人，使得早期的职业道路非常坎坷”。我问她是如何解决这一问题的（她最终升到人力资源主管的位置，职业道路快速发展），她说，有一次会议她表现很差。会后，她的一位老板珍妮·杰克逊把她叫到一旁告诉她：“能够快速找到答案并不是重点。你认为自己是最快找到答案的人，但实际上这根本不重要，重要的是如何让别人认同你！”珍妮·杰克逊现在担任耐克的产品及采购主管。莱拉说：“真庆幸珍妮提醒了我，当时我的确非常缺乏安全感。我记得人才教练马歇尔·戈德史密斯曾在一次培训会上告诉我：‘你们这群工商管理硕士总是迫不及待地想要提升自己的价值。如果下次有人正在讲话，而你想要发表意见，想要让自己看起来精明能干，你可以试试停下来思考并深吸一口气，然后问自己：这样做会让他们更加投入工作吗？’”莱拉又继续说道：

与别人打交道时，我的方法是施加压力并直接采取行动。当我意识到自己的方法毫无意义、反而会招人讨厌时，便开始改变策略。最终，我意识到向别人展示自己精明能干并不是关键。我开始改变自己，渐渐地，我对自己缺乏安全感和戒备心强的倾向有了进一步了解，并开始学着考虑他人的感受。现在，当脑海中出现新想法时，我不会立刻说出来，而会停下来进行深入思考。通过这一方式，我给自己留下思考

的空间，之后再更加有效地做出回应。[20]

梅兰妮是纽约一家金融服务公司的总顾问。她向我讲述了一个曾与她共事过的天才律师的故事。她说："我见过很多人无法融入团队而不得不一直换工作。我觉得这类人有几大特征：聪明绝顶，对自认为重要的事情充满热情，认为自己对事情更加了解——他们的判断才是正确的。"然后，梅兰妮笑了一下又继续说道："我那位同事非常聪明！她觉得自己的想法比我们所有人的想法都要好，实际上 90% 的情况确实是这样。但是她的表达方式很让人讨厌，因此她非常不得人心。比如，如果她说太阳从东边升起，我们会因为太反感她而说太阳从西边升起。"梅兰妮还说，那位同事参加了职业发展培训。"首席执行官让她配合教练的工作。但是教练根本拿她没办法。她戒备心强，没有意识到自己脱离集体，不愿检讨自己，将自己的问题归咎于企业文化不当，最后她离开了公司。我猜测她到下一个公司也只能待两年，然后又会因为企业文化问题离职。"[21]

是否缺乏自我意识是衡量管理者或主管是否面临职业脱轨的最佳指标。研究表明，过度注重技能水平，低估人际关系问题的人比自我意识清晰的人遭受职业脱轨的可能性高 6 倍。[22] 在我为完成本书收集的所有数据、做过的所有研究中，这组数据最令我震惊。

在 360 度绩效评估中，相比职业脱轨者，"潜力较大"的管理者更同意评估者给出的评价（不论评估者是上级、同级还是下级）。[23] 相比业绩平平或职业脱轨的员工，这些极具潜力的管理者对自己有更加清晰的认知，因而能够专注于自身的发展需求、建立情感支架、针对个人弱势领域采取补救措施。

自我对照

“神奇队长”狂妄自大、戒备心强，因此获得反馈的可能性较小，这进一步加剧了他们的人际关系问题。“神奇队长”越来越依赖自己有失偏颇的自我评估，同时他们的盲点会一直存在，甚至会随着时间的推移不断扩大，最终便会引发职业脱轨。这一点毋庸置疑。

自我意识对优化人际关系至关重要，但是许多人并未意识到自己存在人际交往问题，所以，你可以问问自己：在高压环境下，我如何对待他人？是沉着冷静、客观公正还是暴躁易怒，对他人心怀戒备、颐指气使？别人针对这一问题给出的答案是什么？如果你想知道自己是否存在人际交往问题，请思考以下几个问题：

- 你是否存在上文提到的六大人际交往问题：戒备心强，狂妄自大，无法保持沉着冷静，喜欢惹是生非和出风头，无法信任他人，行事被动？

- 仔细阅读过去的业绩评估报告或近期的绩效反馈，你是否会在字里行间发现一些需要特别关注的有关人际交往问题的词句？一定要仔细阅读，因为关于人际交往问题的反馈在业绩评估报告中通常会被一笔带过，或者被拐弯抹角地写出来，毕竟这是一个敏感话题。老板可能会告诉你："你在那次会议中有些强势，但也促成了决策落地。不过以后我们还是要仔细倾听他人的意见，站在别人的角度考虑问题，可以吗？"当她所用的人称从"你"变为"我们"时，你就应该竖起耳朵好好听了——这就是她对你的反馈。这句话的真正含义是："我们能够在会议上将决策落地，我很开心。但是，你就像一个打桩机一样咄咄逼人，让人有些不舒服。"
- 如果你想要从同级那里获得真实的建设性意见，了解他们与你一起工作的感受，你会得到怎样的答案？如果让他们用三个正面词汇和两个批评性词汇对你进行描述，他们会怎么说？他们的答案会是"很有帮助""乐于合作""为团队着想"等正面评价，还是"不愿接受批评""粗暴严厉""固执己见"（如果评价者是一位语言专业的人，他可能会用"桀骜不驯"这个词）等负面评价？如果你愿意鼓起勇气，可以问他们："如果你是一个重要跨部门团队的领导者，你愿意让我加入你的团队吗？"

- 如果让和自己工作接触最多的同事在以下三个维度对你进行评分（0~5，0 代表最差，5 代表最好），结果会如何？

  自我意识水平：了解自己的性格、情绪及行为的程度如何？

  社会意识水平：了解他人的感受、需求及顾虑的程度如何？

  自我管理水平：能否控制自己的行为并为自己的行为负责？

我按照这个流程针对自己的人际交往问题进行了反思，发现自己需要考虑以下两大基本问题。第一，心理地图的准确性——我是否了解别人眼中的自己，具体来说就是我是否了解自己最大的盲点“喜欢惹是生非”的影响？第二，我是否向整日和我一起工作的同事清楚地表达过自己非常在意他们并且尊重他们的想法？只要这两个问题的答案是肯定的，那么我在人际关系方面的问题便已经基本解决。

克服人际交往问题

“神奇队长”的问题很难解决，只有已经造成影响才能激励他们改正自己的行为。因此，为了帮助他们，在温柔提醒和采取强硬措施这两者中，我建议老板选用后者。如果“神奇队长”式的人或其他受人际关系问题困扰的人来找我做咨询，我会给他们以下 5 个建议改正自己的行为。

第一，进行360度绩效评估。

对“神奇队长”进行360度绩效评估时，可以在其上级的监督下由人力资源部门开展，可以从所有与其共事过的同事那里收集匿名反馈，让他们对其领导力、沟通能力、团队发展能力、与同级同事的合作能力以及人际交往能力这几大方面进行评价。最终的反馈结果可能会让“神奇队长”好好反省一下自己。[24]

导致职业脱轨最常见的原因之一是缺乏自我意识，90%的管理者认为自己的业绩在公司应该排名前10%！[25]过于重视技能，对人际交往问题视而不见的人比自我意识准确的人发生职业脱轨的概率更高（比较自我评估分数与360度绩效评估中同级、下级、上级的评估分数即可得出这一结论）。[26]实际上，大多数人在工作方面的自我评估都不太准确，他们不了解自己的优势和弱势。研究表明，通常情况下，绩效较差的人会高估自己的能力，绩效较好的人则会低估自己的能力。正是由于自我认知存在偏颇，我们才需要借助他人的评估了解自身优势、劣势和薄弱方面，以提升业绩。而实现这一目的的最佳方式便是定期从上级、同级和下级以及顾客和主要客户等关键外部合作伙伴那里获取反馈。尽管人们抱怨360度绩效评估的过程冗杂漫长，但它的确能够帮助我们提高自我认知和自我意识。

在进行360度绩效评估的过程中，最大的障碍莫过于评估者戒备心过强。如果我们总为自己的负面评价找借口，或对整个评估过程毫不在意（如果我们发现有一两个评价不太准确，这种情况便会出现），那么我们永远无法从中吸取教训。我们应该关注业绩评估中对自己行为的具体描述以及帮助我们提升的建议。卡尔·荣格在谈及了解并挖掘自己的“阴影”或“黑暗面”时曾说过：“我们 90% 的黑暗面都是财富。”也就是说，如果我们能够深入了解那些我们不愿承认或不想承认的天性，它们便会成为我们的巨额财富。了解它们就是学会管理它们。

第二，求助职业教练，进一步了解自己的盲点和伤害自己的行为。

在进行过 360 度绩效评估之后，你对自己的薄弱方面有了初步认知。这时你需要求助职业生涯教练，给他看你的 360 度绩效评估报告，并进行一两个评估性格和天资的心理测试。这些测试可以帮助我们进一步了解需要特别关注的领域。我之前提到的“霍根发展调查表”便属于这类测试。[27] 这类测试能够帮助你进一步了解自己的行为和动机，找到单凭自己无法发现的盲点和弱势领域。这些测试还可以帮助你全面了解导致自己职业脱轨的性格特征。尽管目前同类测试非常多，但是我仍然建议使用霍根夫妇研发的测试表，因为它们囊括了针对“黑暗面”性格的测试。

第三，定位、发现并解决“滥用优势”问题。

在工作中，我们喜欢利用自己的优势。如果滥用，反而会让优势变成弱势。例如，管理者过于刚正不阿，人们便会认为他假正经、很难共事；一个具有团队精神的成员如果做得太过火，便会缺乏独立判断的能力；如果员工过于为顾客着想，在推进顾客友好型项目时，往往无法准确预测项目成本。[28]

针对这类人，我建议使用高管咨询师丹尼尔·奥夫曼设计的“核心象限分析”（见图1）。这一工具非常简单，能够帮助人们了解优势与弱势的关系，尤其是在优势因过度利用而变为弱势时。[29]

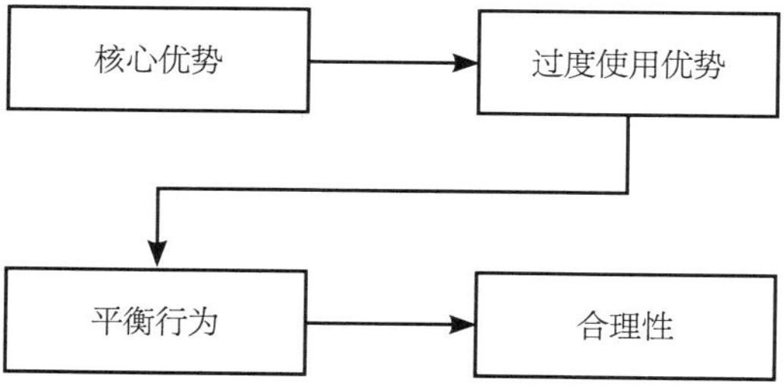

图1 奥夫曼的“核心象限分析”

“核心象限分析”包含4个步骤。步骤一：找到核心优势——工作中帮助你实现目标的优势。比如，你的核心优势是意志坚定。除非任务顺利完成，否则你会夜以继日地努力工作。步骤二：思考过度使用优势的结果。比如，意志坚定可能会变成一意孤行。当你迫切想要完成任务时，意志坚定甚至可能变为厚颜无耻、不尊重他人的意见。步骤三：思考你失去的平衡行为。例如，你可能因为一意孤行而失去耐心和宽容。步骤四：深入探究平衡行为，思考你是否对这个行为存在自己都没有意识到的反感情绪，或者一直以来都认为这一行为不具有合理性。例如，看到别人表现出耐心和宽容时，你是否会觉得厌烦？你是否对非常耐心和宽容的人持有偏见？或许在内心深处，你觉得有耐心的人通常都好吃懒做，行动力弱。或许你担心对别人宽容会让自己吃亏。总之，关键在于通过思考优势的另一面，你会发现一些阻碍自己发展的行为方式。

第四，学会倾听。

不善倾听会阻碍人们的职业发展，原因有二。首先，会冒犯他人，让别人对你敬而远之。得到认可和理解是人类的两大基本需求。如果你不愿倾听，对方的基本需求便无法得到满足。其次，无法学到新知。要学会观察、倾听，并从中学习新知。

以下是 6 个提高倾听能力的小窍门：

- 谨记“每个人都能够教我们一些东西”。与他人交流时，请告诉自己对方知道很多自己不知道的东西。
- 听别人讲话时，切忌中途打断或突然插入提出自己的意见（我总这样做）。
- 学会积极倾听，例如点头、记笔记等。
- 对方讲完后，提出自己的疑问。
- 复述对方的话，以此证明你确实仔细倾听并且理解了对方的意思。

- 不要立刻做出评价。好的倾听者绝不会不假思索便对自己听到的东西提出意见，给出解决方法，或提出反对。他们首先会思考对方想要从这段对话中获得什么。[30]

第五，保持镇静。

镇静是指不论在何种情况下都保持泰然自若的状态。在形势紧张的情况下，尤其是一时冲动迷失方向时，人们极易做出损人不利己的行为。为了应对这种高压情况，我为自己创造了一条警句：既是参与者，亦是旁观者。内心有波澜时，我会想象自己灵魂出窍，在一旁观看自己的一举一动，并时不时给自己提一些中肯的建议。我喜欢将此比喻为我坐在包厢里，与自己保持安全距离，观看自己在舞池舞蹈。站在高处，我可以看到形形色色的舞者跳舞、看到乐队的队长以及听到他们演奏的歌曲，对局势的掌握也更加清晰。我使用这种方式的目的是：在情况发生的时间点与我做出反应的时间点之间创造一个空间，供自身思考。这让我更容易观察到别人对我的回应。他们是否在微笑着频频点头？他们是身体前倾、全神贯注地听我讲话，还是毫无反应、双臂交叉靠在椅背上？他们是专心致志地看着我的眼睛，还是眼神飘忽、已经走神？

*

在职业发展的过程中，工作问题和人际交往问题都会变得越发复杂。工作越具有挑战性，带来的内在压力便越大，此时我们在人际交往中的不足之处便会显现出来。如果我们对此毫无察觉，那么对他人保持戒备、不顾及他人感受或被动应对的问题便会越来越严重。低层岗位以工作能力论事，因此天赋异禀的人即便存在明显的人际交往问题，也能蒙混过关。但是对高层岗位来说，要完成一项大型跨部门任务，他人的支持至关重要。正如光辉国际领导力研究专家戴光荣所说：“一些性格特征在职业发展早期会对我们起到促进作用，但之后会阻碍职业发展。管理者必须意识到：滥用优势最终会遭到反噬。”[31]

因此，我们需要尽早在代价较低时定位、发现并解决自己的问题。在之后的职业生涯中，我们忙着出差和开会，行程满满当当，很难腾出时间寻求专业人士的帮助，解决棘手的性格问题。

一些方法可以解决和纠正那些阻碍我们与他人和平共处的行为。罗伯特是一个“神奇队长”式的人，他的职业是管理咨询师。他工作能力强，为公司带来不少客户，因此在 30 岁时得以高升。[32] 他非常聪明、工作尽心尽力、敢于冒险——他向潜在客户推销服务时，客户都相信他能帮助自己的公司提升业绩。鉴于罗伯特为公司的业绩做出了很大贡献，他得到提拔，成为公司最年轻的总经理，负责美国西部的业务。不过这也是他陷入困境的开始。作为总经理，他需要在预算管理、资金分配、员工培训及发展等行政事务上投入大量时间。他必须处理“这些与公司整体战略相关的事务，并做好协调工作”。他有些手足无措——因为他在行政业务方面毫无经验。再加上他敢于冒险，傲慢自大，不愿向他人请教问题——因为以往都是别人来请教他，问题变得雪上加霜。他对行政事务知之甚少，因此非常缺乏安全感，再加上傲慢自大的性格，他成了一个自吹自擂的吹牛大王。在一次评估两种新型业绩管理系统的优缺点的会议上，罗伯特不仅迟到，而且只听了5分钟便大声说道："天哪！这完全把事情复杂化了！我们选一个方案实施就好了。不论是哪种方案都不可能做到完美！"除了"这完全把事情复杂化了"，罗伯特的另一个口头禅是"每个公司都有产生收益的部门和产生成本的部门，我们应该做前者"。公司许多辅助部门的员工都因此对他敬而远之。一年的时间，罗伯特便让许多"产生成本的部门"的员工心生嫌隙，他们都不愿和他共事。他的区域商业计划因为没有得到各部门的配合，最终草草了事。一年后，他因领导不力被剥夺了区域管理的职权（为区域制订战略规划、协调咨询师的推销工作等资源分配责任），又成了一个独立贡献者。

罗伯特很难相处，因此公司没有人愿意为他提供指导或咨询。在被剥夺区域管理职权之前，他收到的反馈寥寥无几。没有人告诉他，他胆大冒险、不为他人着想会对他造成毁灭性影响，也没有人帮助他解决问题。整个公司都"串通一气"，对罗伯特的职业脱轨问题保持沉默——不论是高级合伙人还是人力资源部主管，他们都没有向罗伯特直言他表现得很差。一方面是因为他们害怕罗伯特的回应，另一方面是因为他高超的推销技巧为公司创造了巨额利润，他们想留住他。所以，他们委婉地告诉罗伯特希望“给他自由，让他做自己擅长的事情”。

罗伯特非常聪明，他听出了言外之意。虽然头衔没有发生变化，但罗伯特被剥夺了许多职责，他知道这便是所谓的“软降级”。因此，罗伯特向公司申请为自己请一位高管教练。公司答应了他的要求，因为他们也希望罗伯特继续为公司创造利润。教练立刻对罗伯特进行了360度绩效评估，采访了他的下级、同级以及公司高管。反馈结果让罗伯特大吃一惊。在此之前，他从未在公司收到过一份真正意义上的绩效反馈。绩效反馈中，同事对他的评价是“他横行霸道”“他像一杯高浓度咖啡——大胆高调、自以为是”“他一点都不尊重辅助部门，虽然辅助部门也是他成功的关键因素”“他根本不听领导讲话——他总爱发表意见，却对他人的想法嗤之以鼻”。罗伯特并不想成为同事口中的那个人。

罗伯特说自己花了几天的时间疗伤，之后“意识到如果总为负面反馈找借口，职业道路一定会就此停滞不前”。于是，他和教练共同努力，在以下三个方面提升自己。第一，寻找自己情绪不稳定的原因，结果发现这通常与“繁杂的过程管理和公司内部的繁文缛节有关，无聊漫长的工作会议以及永无止境的法律行政文件导致他无法与客户沟通”。之后，他努力提高自制力，即便被激怒也会控制自己，不让局面一发不可收拾。

第二，提高倾听能力。他开始学着先征求别人的意见，再提出自己的看法。他说："好像有魔法一样，我开始理解为什么别人会提出某个之前我觉得很蠢的要求了。"

第三，学会请教他人。罗伯特意识到，请求他人的帮助并非弱者的象征，反而会让自己看起来更加平易近人。

罗伯特的业绩开始提升，大家对此都有目共睹。高级合伙人和人力资源部主管耳听目睹了罗伯特管理风格的变化。18个月后，公司计划在西北太平洋地区建立分部，为当地发展迅速的科技公司提供服务，罗伯特被选派到分部负责管理工作，他欣然接受了公司的安排。现在，5年过去了，罗伯特说："目前一切都进展顺利。虽然相比管理的工作，我还是更喜欢直接与顾客打交道。但是，管理公司已经不再像以前一样是我的弱项了。另外，我已经深谙利用周围优秀的经理人（那些更擅长商业策划和行政管理的人）之道。这样一来，我能够更加专注于自己擅长的事——建立良好的客户关系。"

本章开头提到的"神奇队长"能否逃脱职业脱轨的命运？如果他经历了职业脱轨，能否像罗伯特一样回到正轨呢？在职业生涯中，我遇到过许多"神奇队长"式的人——我相信你也是如此。我敢打赌，只要他们能够为公司带来利润，那么他们一定平安无事，公司会对他们的不当行为视而不见。但是，"神奇队长"终有一天无法强制推行自己的运营计划，此时，他们会发现自己孤立无援，没有人愿意向他们伸出援手。如果这一天到来，便意味着他们将面临解雇。如果他们是不可多得的人才，那么公司会请高管教练帮助他们改正行为。对“神奇队长”来说，这是终极智商测试——他们是会鼓起勇气反省自己，承认自己的不当行为并进行改正，还是会拒绝自省，把错误归咎于他人？他们会行动起来走上“英雄之旅”，进入黑暗的森林，找到内心的恶魔，杀死他们然后重见光明，还是会在这项艰巨的任务面前畏缩不前？这个问题值得深思。

第2章

单飞者：“你靠边，我来做。”

EMPLO
OF THE
MON

萨拉是一个典型的单飞者。她从小学开始便一路顺风顺水，表现名列前茅。她曾在竞争激烈的菲尔费尔德中学科技展上获得人人觊觎的“金苹果奖”；她就读于凯尼恩学院时写过一篇关于美苏军备控制及裁减的文章，并获得了“荣誉论文奖”；她做过一份供应链效率分析，帮助公司减少了10%的运输费用。她就像邮差一样，不论风吹雨打都坚持凡事亲力亲为。她的偶像是热力四射的埃莉诺·罗斯福和脸书的首席运营官雪莉·桑德伯格。她喜欢活在当下，抓住现在。她热情友好、直截了当、工作高效，对任何公司来说都是不可多得的人才。

萨拉由于业绩突出升职为采购和供应链运营经理，这对她来说是第一个真正意义上的管理岗位。她带领一个由7名采购专员组成的团队。美国中西部地区有一家价值7.5亿美元的消费品包装公司，该公司通过全国各地的零售店售卖多种个人卫生用品。萨拉负责管理其经销链上的产品采购及订单流。

3个月后，某个周一的下午3点，萨拉坐在办公室对面的星巴克，拿着一杯还没喝过的咖啡，出神地看着咖啡表面泛起的小涟漪，她在发抖，因为在本周员工会议上，萨拉遭到了员工的

“狂轰滥炸”，于是她的肾上腺素猛增。这是一次真正意义上的员工“政变”。会议结束后，她立刻逃到星巴克平复心情。

萨拉百思不得其解。她觉得自己的工作做得不错。确实，她对团队成员有些管理过度，但是史蒂夫·乔布斯回到苹果重整公司时也采取了这种管理方式！她以身作则，无论大小事都亲力亲为，工作勤勤恳恳。为了对当时一件大获成功的新产品进行精确记录，她曾在炎炎夏日对公司的中心库房进行实地盘点。她明确地告诉团队成员如何优化采购流程，例如如何建立复杂的数据透视表对原材料成本进行合理分析。团队业绩也不断提升，那么，到底为什么萨拉会沦落至此？!

萨拉回忆了一遍员工会议的情景。她像往常一样，要求团队成员在会前填好本周已完成事项报告表（RCAs），并且做好准备与小组成员分享进度。弗雷德是一位老派的产品采购专家，已经在公司工作了20年。到他分享时，他说：“抱歉，我没有填完报告表。”萨拉却步步紧逼，此时弗雷德几不可闻地说了几句话。萨拉问：“你说什么？”弗雷德说：“我每天都忙着工作，没有时间记录休息了几次。”其他人纷纷偷笑。萨拉告诉弗雷德之后要与他面谈。弗雷德却说：“为什么不现在讨论？你肯定也想听听其他人对每周填写完成事项报告表的看法吧。”然后，小组成员的抱怨不满便像决堤的洪水一般，朝她涌来。他们描述萨拉的词包括“官僚作风浓厚”“微观管理者”“过度管理”。

弗雷德甚至创造了一个新词——报告狂热爱好者，其他人纷纷赞同。

尽管萨拉觉得自己控制了局面——她认真倾听他们的意见，欣然接受批评，始终保持镇定，但是会议结束后，她还是重新梳理了一遍刚刚发生的事情。现在，她坐在星巴克里，焦虑之余还有些无所适从。她直截了当的行事作风之前一直收效良好。为什么现在不行了呢？是她自己的问题，还是团队成员有时行动力不强呢？他们在这份岗位上已经工作多年，肯定比自己经验丰富。确实，她设置的业绩标准很高，而且凡事都直言不讳。但是，能够得到升职也说明她并非等闲之辈——她总能取得令人满意的结果！是否存在折中的办法解决这一问题呢？她是否应该适当改变、不要事事参与呢？她是否应该减慢工作节奏，不要过于严苛、管理过度呢？如果这样做结果又会如何？她还能保持一贯的高效吗？还是会失去自己的优势，业绩水平也随之下降呢？这似乎是她“扶摇直上”的职业道路上第一次出现脱轨的迹象。下一步到底该怎么做呢？萨拉也非常迷茫。

单飞者无法建立优秀团队的原因在于：

- 过度管理。
- 招聘决策不当，团队成员和自己如出一辙，团队技能单一，缺乏不同的声音。
- 不擅长沟通，没有解释清楚优先级任务或决策的战略环境。
- 规避冲突或无法立刻解决冲突。
- 不擅长激励下属或提高下属能力，从而导致士气低下，员工流动率高。
- 在一个需要跨部门合作的项目中，不会主动寻求与其他部门合作以获得所需资源。

单飞者需要思考的问题

萨拉首先需要明白：让她获得升职的优点不一定能够确保她在新岗位上获得成功。尽管她事必躬亲的性格让她年纪轻轻就升到管理层，但这种行事作风并不适用于领导一群经验丰富的采购专员。新团队需要的是一位能够确立方向、明确业绩目标、确保团队获得所需支持和资源、帮助团队成员实现自我价值的管理者，他们需要的是领导者，并非监督员。

萨拉的情况并非个例。很多人进入管理岗后，第一反应就是先发制人，尽可能获得掌控权，通过微观管理实现成功。但结果往往适得其反，带来双重打击：自己筋疲力尽，团队成员满腹牢骚、士气低下。萨拉需要退后一步思考会议上发生争执的原因。她需要好好反省自己，并在职业脱轨之前采取措施纠正自己的行为。

如果你像萨拉一样觉得自己可能存在团队管理问题，可以就以下几个问题进行思考，并向自己的下级或共事的同级提问。

- 员工不知该如何是好时，你自己是否会失去耐心？你自己是否会出于权宜之计自己做完工作？
- 如果你要求每位团队成员说出自己本季度（或本年度）的三大个人目标及其衡量标准，他们是会快速轻松应答，还是会说：“嗯……这取决于你认为什么比较重要，毕竟你是老板。”
- 当你向团队成员单独提问，要求他们说出团队本季度（或本年度）三大最为重要的目标时，他们的答案是否一致？
- 如果你向团队成员问起团队内部问题得到解决的速度如何，他们会怎样回答？
- 如果你向直属下属提问，自己是否就他们的专业发展问题与他们进行过足够的探讨，他们会怎样回答？

- 在员工会议上，你自己发言与听别人发言的比例是多少？
- 你上一次关心直属下属工作以外的事情是什么时候？

单飞者问题何在

珍妮丝在一家《财富》500强零售公司工作，是一名高级采购主管。她是一名优秀的团队管理者，曾与许多单飞者共事，帮助他们提升业绩[1]，其中有一位女性令她印象十分深刻：

她是一位非常优秀的采购人员，我想要把她收入麾下，因此对她进行了背景调查。受访者个个叹息道："在事业上，她会给予你很大的帮助，但是你也会付出代价。因为她野心勃勃，对他人视而不见，凡事亲力亲为，这必定会造成很多负面影响。"但是她的天赋吸引了我，最终我还是将她收入麾下。她在小团队中表现非常出色，但在管理较大的团队时，问题便出现了。她没有建立系统化的管理方式，没有设立期望目标——战略目标、阶段目标以及关键绩效指标；缺乏合理的管理措施——举办员工会议，与员工一对一交流等，完全凭直觉进行管理。在一项衡量员工敬业度的公司调查中，她带领的团队调查结果非常糟糕。团队成员并不清楚团队的发展方向，对自己的工作如何与团队发展和公司发展相适应也一无所知。

但是，珍妮丝继续说道：“我们一起看过调查结果后，她开始埋头苦干、解决问题，这一点值得赞扬。问题非常清晰，而且很好量化，我们共同制订了一个详细计划，并实时观察员工敬业度的变化。一年之后，她带领的团队员工敬业度上涨了20个点——算是非常高的涨幅了。之后她离开了公司，现在已经成为另一家零售巨头的高级副总裁。”

珍妮丝又说了一些问题，这些问题与萨拉的问题非常相似：

从卓越的独立贡献者转变为优秀团队领导者的过程充满挑战——需要学习分析大势，激励团队成员，在保证不插手的前提下密切关注员工工作的执行情况。升职到管理层后，人们很容易陷入过度管理的误区——想要控制团队成员或事事亲力亲为，这很难被大家接受。为了避免这一问题，管理者往往会矫枉过正，很快放手不管，这也并非正确做法。在这两种情况下，他们给出的反馈要么太多，要么不够。正确做法应该是：理解团队成员的想法，从他们那里收集反馈，从而找到平衡。[2]

面临团队管理难题的单飞者通常会因为以下三个问题让自己陷入困境：过度管理，未能建立高效的团队，在团队中并未起到领导作用。

过度管理

在过度管理和缺乏管理之间寻求平衡非常困难，但是，前者更容易导致人们陷入困境。过度管理者总想要插手工作（“来，我教教你在展示中如何排版”），不愿下放权力赋予员工自主权。因此，团队成员自然会觉得自己的努力受到轻视，从而失去自主性和主动性。

这类管理者与单飞者一样都不擅长任务分配。他们是出色的独立贡献者，因此遇事总想亲力亲为。坎迪斯·弗兰克维吉亚是创造性领导力中心的一名教练，“在组建和领导团队时，我们常常会遇到这些优秀的独立贡献者，他们明明有团队，却仍像在孤军奋战。这会阻碍发展，扼杀创造力”。[3] 这又回到我之前所说的：优势如果被过度利用，便会成为弱势。对萨拉这样的管理者来说，职业道路扶摇直上得益于他们的自信果断和积极主动。但是从独立贡献者向团队管理者转变时，这种性格会产生致命影响。新晋管理者不能再一味依靠自己，而要学会与他人合作，学会用人。此外，他们不能将视野仅局限于工作任务，还需要培养更广阔的战略眼光，这便需要他们在更大的团队中与内外部合作者建立有效的关系。

鲁思·马洛伊是斯宾塞·斯图尔特领导力咨询服务公司的一名咨询师，他说：“如果你业绩出色，即便得到升职也总会想要做之前的工作。问题在于，升职后职责也会随之增加。你不可能样样精通，所以需要学会用人。”[4] 对擅长“做事”的管理者来说，向领导者角色转变非常困难。此外，并非只有新晋管理者才存在过度管理的问题，中层和高层管理者也经常插手下级工作，他们有的是认为自己能够“加快工作进程”，有的则是因为参与工作能够为自己带来舒适感。埃里克·劳特巴赫是皮爷咖啡消费者部门的主管，他告诉我：“我曾见过许多经验丰富的管理者因为‘越级’而铸成大错。他们总想待在舒适圈内做下一级员工的工作，因为他们对工作流程非常熟悉。最后导致每个层级都受到影响：下一级管理者只能做更低级别的工作，整个团队都乱了套。他们不清楚自己的角色和职责，感到灰心丧气，最后甚至想要离开高级管理层。”[5]

未能建立高效的团队

过度管理，总想插手工作，想要亲力亲为的另一大原因在于招聘决策不当，没有建立多元化、技能互补的优质团队。我见过一些人力资源经理由于面试过程不够严谨导致麻烦接连不断。他们忙不迭地招聘员工，却没有静下心来慎重思考，写一份全面具体的招聘岗位描述，清楚地列出岗位、职责、所需技能及资质，并将该岗位的关键职责按照重要程度排列。

一份详尽具体的岗位描述至关重要，它能够帮助面试官在最重要的方面了解面试者。此外，管理者需要针对每位面试者准备一份问题列表或列出自己想要了解的方面，以便全面了解每个人的能力水平（也可避免重复问面试者同一个问题）。

此外，不擅长组建团队的管理者通常要花费大量时间招聘所需人才。在他们看来，招聘员工并非重中之重，所以一直拖拖拉拉，直到万不得已才会解雇团队中拖后腿的人。而且，并非只有管理新手存在这一问题。2015 年麦肯锡针对主管实现职业过渡的效率做了一次研究，结果显示，即便是经验丰富的高管也会面临这一问题。在 1 195 位受访高管中，高达 72% 的人希望自己能够更快找到合适的员工，尽早解雇不合适的员工，当被问及在成功升职的过程中最为重要的因素时，86% 的人表示：通过确立首要任务和业绩衡量标准，恰当分配工作任务以动员团队成员，提升团队业绩最为重要。[6]

在团队中并未起到领导作用

这一问题通常以这 4 种方式表现出来。第一，没有说明优先级任务以及某项工作或任务的战略环境。团队成员并不了解自己做某项工作的原因，也不清楚自己的工作对团队、部门或整个公司的总体战略有何影响。不了解工作的根本目标会导致士气低下；同时，员工的能力也无法得到充分利用，不能自己寻求其他解决问题或完成工作的方法。如果员工清楚工作的根本目标，他们可能会提出更好的解决措施。我在沃尔玛在线购物平台负责管理采购及市场营销时，非常反感每周一早上的商品例会。会议仿佛专门针对我举行似的，每个门类的采购专员报告商品销量、利润率，以及相对于前一周的商品库存水平，内容死板生硬、一成不变。我不知道应该如何改变现状，所以向团队成员提问：应该如何将每周一商品例会从报告一些无聊的数字转变为做实事呢？不到 5 分钟，团队就提出一个非常棒的意见：每个门类的采购经理带头在会议上展示他们在周末考察市场时遇到的一些印象深刻的事。他们可以分享一些吸引自己的或者反映市场趋势的东西——例如一个新产品或服务、一个新的技术设备、一家新的零售公司、杂志或报纸上一篇有趣的实时文章、一个有感染力的广告，并说明如何将其应用于我们的产品或服务。我非常喜欢这个想法，立刻将其付诸实施。采购人员也非常喜欢这种有趣的会议形式，因为这能够激发他们的创造力。他们观察捕捉一些新事物，对其进行改造或改进，并将其用于我们的产品或服务——“如果你看到某物，请思考它是否适用于本公司。如果适用，下一步怎么做？”

第二，任由团队问题发酵，降低团队效率，拉低士气。存在这一问题的管理者不擅长及时处理人际关系、资源分配以及与工作流程相关的问题。在职业生涯早期，我曾遇到过一位老板，我们称他为“狡诈的逃避者”。每当我们争执不下，找他解决问题时（例如，讨论谁负责零售业务中的灰色地带，谁负责预算支出），他都不知如何裁决，总是将分歧模糊化。他会吞吞吐吐地提出一个折中的建议，最后导致每个人都不太满意。我们离开他的办公室时往往会比进去之前更加困惑。

第三，没有培养团队成员的工作能力和管理能力。雅克勒是纽约一家图书出版社的编辑主任，她曾经受到这一问题的困扰，不过后来成功解决了。[7]有一次，得到高升，除了原来的编辑工作，她开始负责设计和印制。但是，她行事激进、事事亲力亲为，这导致她无法高效管理更大、更多元化的团队，因为这样的团队需要更加细致的管理方法。雅克勒说：“我性格强势。”接着，她又继续说道：

> 我稍不注意就会为别人带来焦虑。之前有人告诉我，每次我一走进房间气氛就变了，有时是变好了，有时是变差了。员工会坐得更加挺直，没有之前那么放松。得到晋升后，根据自己收到的反馈，我发现我对新团队的态度过于强硬了，他们需要的是温暖的关怀。印制部早就觉得“自己受到编辑部的挤压”，我一个来自编辑部的人又得到升职，开始管理印制部，这让问题雪上加霜。但是通过培训和自我反省，我学

着收回锋芒，认真倾听团队成员的意见，保持耐心。保持耐心非常重要。我需要让他们自己探索解决方法，当他们遇到难题时再时不时帮他们一把。我意识到，自己的工作其实是为他们创造一个寻找答案的环境，而不是告诉他们应该如何做。我有时仍然需努力控制自己，我还是想说：“不要——不应该这样做！”而不是耐心地说：“跟我讲一遍你的方法。”但是正因为我能够意识到自己总想亲力亲为，因此相比之前，我现在很少插手下属的工作了。

第四，对领导者来说，管理整个团队极具挑战性，甚至对经验丰富的领导者也是如此。一对一管理团队成员与管理整个团队有所不同，就像哈佛商学院的教授琳达·希尔所写：“管理者认为管理员工便是与每位下属单独建立有效的关系，他们错将管理团队与管理个人等同。”[8] 高效管理团队应该做到以下几点：

- 与能够帮助团队实现商业目标的主要人员建立良好关系，努力说服位高权重的人为团队提供资源支持。
- 与需要依赖的部门以及合作者建立良好关系，以确保关键方案能够获得他们的支持。
- 实时监控竞争环境，根据竞争对手分析和市场分析调整商业策略。

从自己的经历中，我明白了建立跨部门合作的重要性。20 世纪 90 年代早期，我在菲多利担任产品市场经理，那时，我们团队正在研发一款新型黑豆蘸酱。这款黑豆蘸酱属于纯天然食品，主要成分是黑豆、洋葱、大蒜、墨西哥青辣椒，不含任何劣质添加剂。产品通过“旋转式”巴氏灭菌法（通过热水冲洗将产品加热，同时将产品包装罐放在一个像烤箱一样的大罐里旋转加热）生产，因此我们无须通过添加醋来杀菌——我们竞争对手的产品几乎都添加了醋。不含醋的黑豆蘸酱更加顺滑爽口，我们的产品也因此获得了试吃小组的最高分。

我负责推出这款产品，却亲眼见证它走向失败。失败的原因并非质量问题，而是由于市场部和地区销售部门之间缺乏沟通与配合。菲多利的销售团队对这款黑豆蘸酱充满信心，他们将首单订购量大大提高。此外，根据地理人口概况，我们认为这款产品适合在美国西部及西南部等区域进行售卖。销售部却将销售区域拓展到我们设想的市场范围以外，贸然在全国推行这一产品。最后，这款产品的销售业绩并不理想，在美国东部和南部地区尤甚。尽管产品供应部曾提醒我销售部订货过多的问题，但我没有成功说服东区和南区的销售副主管削减订购量。原因在于我之前没有与他们建立良好的关系，因此无法向他们很好地说明：这款黑豆蘸酱只是一个利基产品，只有针对部分地区的消费者进行售卖才能收效良好。不过那时，我把责任全部推卸给销售部门。之后我意识到，如果我能花点时间进行实地调查，与销售经理、销售副主管一同考察，或许能够在产品推出之前通过电话说服他们减少订购量，仅在特定区域推出产品。在那之后，我再也没有犯过类似的错误。在之后的工作中，我会专门腾出时间进行实地调查，并且每隔一周便与销售经理一同进行一次考察。

提高建立团队与领导团队的能力

单飞者如何成为高效的团队管理者和领导者？如果要为单飞者或其他正在发愁如何建立和领导团队的人提供咨询，我会建议他们通过以下 5 个方法提高管理和领导团队的能力。

让员工知道你在乎他们

少说多听，让团队成员知道你在乎他们。第一，花时间去了解团队成员，向他们提问，关心他们的工作和生活；认真倾听；在要求他们了解你之前先主动了解他们。你一定会从中受益颇丰。团队成员不仅会加倍努力，还会积极配合你的工作，最重要的是他们不会对你吹毛求疵——会忽略你的小缺点和小过错。我经常听到管理者说：“我认为应该将工作与生活分开，在工作时不要过问别人的私事。”我会对他们说：“那我们是什么——机器人吗？工作是由人完成的，人为因素才是业绩突出的主要原因！所谓的团队精神，就是一群互相关爱的人通力合作实现同一个目标。”有时我还会说：“士兵不会对一个抽象概念（例如：美利坚合众国）忠诚，他们只会对自己的团队和首领保持忠诚。相同的道理，员工不是对公司忠诚，而是对自己的同事和团队领导忠诚。”所以不要将生活与工作完全隔开，和团队成员既要能讨论私事，又要能讨论公事。就像马娅·安杰卢所说：“人们会忘记你说过的话、做过的事，但永远不会忘记你带给他们的感觉。”[9]

第二，了解团队成员的职业发展目标和志向，并帮助他们实现目标。帮助团队成员提升专业能力说明你在意他们。你可以和团队成员一起评估他们目前的专业水平以及存在的差距，共同制订发展计划，定期（一季度一次）见面讨论进度。研究表明，至少有 70% 的员工技能提升是由于收到具有挑战性的工作和任务。提升员工的最佳方式便是“在岗”培训，你可以给员工安排一些延展性任务，强迫他们走出舒适区，进一步提高自己的专业技能。[10]

第三，探索团队的文化规范（团队的信仰与态度——“团队如何做事”），这样可以避免踩到雷区，找到激励整个团队的最佳方式。上文提到的萨拉有可能过于注重效率，还没有时间了解每位团队成员的性格、志向以及目标，以获取团队成员的信任和忠诚，高效管理员工。也有可能她没有去了解团队的文化规范，因此不知道如何高效管理团队。如果她知道团队成员都是经验丰富的产品采购专员，非常注重自主性，并且大家都以此为傲（吉姆已经做了 9 年采购专员，但他还算团队中工龄较低的），她一定会采取不同的管理方式。如果萨拉在要求团队成员填写本周已完成事项报告表之前慎重思考，她可能会在第一场会议的开始说：“我们团队在产品采购上已经有 125 年的经验，我觉得自己无法在采购流程上给予你们更多的帮助。但是，了解过你们的需求后，我觉得我可以努力确保团队获得充足的资源，让你们发挥最大潜力。”

我很能理解萨拉。接管新的团队非常不易（萨拉接管的又是一个经验丰富的团队），人们一开始免不了想要向团队成员展示自己的能力，对其施加控制，但显然这并非正确做法。管理者应该首先向团队成员提问，认真聆听他们的答案，借此了解自己目前的处境。

确定清晰的发展路径

我见过许多团队由于缺乏清晰的方向，员工不知道如何将自己的工作融入整体战略，最终员工士气低下，工作效率低下，整个团队举步维艰。因此，请确保你能够回答以下几个基本问题：

- 团队的最终目标是什么？请与团队成员共同确立一个清晰的发展方向，不要直接把计划摆在他们面前，要让他们参与策划过程。这样不仅可以获得团队成员的支持，还能够确保他们全力以赴实现最终目标。

- 如何确定目标已经实现？为团队和个人设立清晰的关键绩效指标，供团队成员衡量工作进度。（我会与团队成员进行一对一谈话，每段谈话时间约为20分钟，谈话主要涉及以下三个方面的内容：根据关键绩效指标衡量其最新业绩水平，团队成员在关键任务上的进展及其在人力及资源上的需求。）
- 每位团队成员的工作如何融入总体战略？每位成员都要清楚自己的工作如何融入团队的总体战略，朝着关键目标前进。这是激励员工的一个重要方面。同时，要帮助团队成员理解自己的工作与其他成员的工作之间的关系。不同角色如何互相配合？界限在哪里？哪里应该切换角色？一定要尽可能避免角色混淆。这些方面一定要反复确认。需要举行小组会议，小组成员可在会议上汇报关键项目的进展情况，团队也可以讨论工作流程和角色切换问题，同时对责任有交叉的领域做出决策。就像琳达·希尔所说："清晰的界定绝不可能凭空出现或长久存在。团队关系和角色非常容易混淆，尤其是在经历极速变化的企业中。"[11]

为了确定清晰的发展道路，必须要直面团队问题。这些问题不可能自己消失，如果放任问题不断发酵，不论是团队成员性格不合还是资源分配问题，都会导致你失去公信力，团队业绩也会受到影响。我喜欢规避冲突，因此在克服这个问题上下了很大的功夫。二三十岁时，我每年的业绩评估报告中都会出现“喜欢规避冲突”的评价。在高压情况下，尤其是与同级在资源分配和战略决策问题（应该推进哪个项目以及放弃哪个项目）上产生分歧时，我不够果断坚决，为此我感到非常惭愧。有时，我的优柔寡断会影响整个团队，导致团队成员无法获得他们需要的支持。将近 40 岁时，我担任沃尔玛在线购物平台的市场部副主管，在一场大型公司会上，我发现自己“喜欢规避冲突”已经成为一个不容忽视的严重问题。我感到非常羞愧，发誓一定要改正这一缺点。那次，沃尔玛总部的高管从阿肯色州本顿维尔来到我们旧金山湾区的办公室，想要就提高公司在数字音乐领域的市场份额确定发展方向。那时，数字音乐属于新兴市场，增长非常迅速。会议上总部高管提出的策略包括：研发一款音乐设备与苹果公司的 iPod（一款多媒体播放器）形成竞争。我们团队对此持不同意见。

我的团队认为：硬件生产并非沃尔玛的强项，我们这样做只会浪费资源。我认同这一观点，但是嘴笨舌拙，向总部高管陈述自己的意见时不够果断坚定，缺乏说服力。公司一位举足轻重的高管对我的观点嗤之以鼻，说道：“为了维持音乐领域的市场份额，我们必须做出行动。研发一款与 iPod 相竞争的音乐设备就是我们应该做的。”他说完后，会议室里一阵尴尬的沉默。然后，我们团队的一位经理突然开口，解释了这一策略并不恰当，我们团队绝不同意的原因，说得有理有据。最后，他说道：“我们有比这更重要的事情要做。如果我们执行您的提议，许多互联网项目就会因此失去所需资源，而这些项目产生的投资回报比您提议的方案更多——其中还有几个项目是为了提高消费者在沃尔玛商店购物的速度和便捷性。”接着，他简单介绍了其中一个发展沃尔玛门店的大型项目，并且说明如果我们发展数字音乐，这一项目便无法得到落实。他说完后，会议室里最高级别的高管一直盯着他看。他也毫不畏惧地直视回去。然后那位高管说道：“好吧，那我们就放弃这个计划。你们团队正在进行的其他项目似乎更重要。”

我的上司、沃尔玛在线购物平台的首席执行官约翰·弗莱明也出席了此次会议，但是他一直作为旁观者，没有参与讨论。会议结束后，总部高管离开了公司，约翰说：“卡特，来我办公室。现在，立刻，马上。”他紧接着对我便是一通斥责，说我没有骨气，居然让下属做本应该自己做的事情。我非常尴尬，离开了约翰的办公室，找到那位经理，为自己没有做好本职工作而道了歉，还称赞他勇气可嘉，能言善辩。之后，我回到办公室开始反省。

我意识到自己必须立刻改正这个缺点。我必须在产生分歧时说明自己的观点，从而确定一条清晰的发展路径。我阅读了《关键对话》(*Crucial Conversations*)、《积极说“不”》(*The Power of a Positive No*）等书籍[12]，参加了一些冲突管理的角色扮演模拟练习。我的上司约翰之前是一名曲棍球运动员，擅长应对冲突，所以我一直找他咨询（我觉得他常常以此为乐）。慢慢地，我的问题得到改善。最后，我接替了约翰，成为沃尔玛在线购物平台的首席执行官。在这个岗位上，我每天都需要处理冲突分歧。

确定清晰发展路径的最后一个要点是：作为领导者，需要向团队成员解释你做出的决策。做出重大决策之前需要先咨询团队成员，至少要和他们分享你的思考过程以及你是如何做出这一决定的。问题是什么？考虑因素有哪些？你是如何权衡这些因素的？又是如何得出最终结论的？让他们了解你的决策过程——这不仅能够激励团队成员参与决策，还能为他们提供一个学习机会。[使用公平操作的 3E 原则：参与（engagement）——允许团队成员参与决策；解释（explanation）——帮助团队成员理解做出最终决策的原因；预期（expectations）——让团队成员了解决策的影响以及新的游戏规则。[13]]

请在员工会议上留出一些时间专门用于告知团队成员公司的最新事件，向他们解释公司进行一项巨额收购，卖掉某个部门，或放弃某条产品线的原因，鼓励团队成员就此进行几分钟的辩论。我非常重视管理透明度：不愿分享信息、管理不透明是低效的团队管理方式。你的下属非常聪明，他们能够帮你解决问题。如果你不愿为他们提供信息，他们也会看出端倪，知道你在藏着掖着。

这会导致团队内部发生不必要的混乱，降低团队士气。团队成员多数都是努力工作的员工，除了睡觉，他们 2/3 以上的时间都在工作，因此有权利知道公司的最新情况。

保持耐心和客观公正

领导团队的最大挑战之一便是保持开放的心态，保证客观公正。多数好的决策都来自接连不断的反馈。我们每个人都需要提高倾听能力，在他人的反馈中摄取精华。作为管理者，我们在遇到问题时很难摆脱自己的固有印象和偏见，客观公正地倾听他人意见。（单飞者无法理解团队成员的抱怨不满，导致团队成员“暴动”，此时他们便会发现这一问题。）耐心、专注是有效倾听的必要条件。我们需要心胸开阔、善于观察，在倾听时挖掘潜台词，寻找可取之处，领悟言外之意。13 世纪波斯诗人鲁米说过：“牧场上的每棵树木、每株植物都在舞蹈，只有平庸的双眼看它们是静止不动的。”如果我们能够安静、耐心地倾听他人的意见，最好的行动方案常常会不言而喻。通过这种方式，我们能够意识到自己对信息传递者以及信息本身存在的偏见。一项基于大量文献资料的研究表明，管理者的固有偏见会通过其对“强者”和“弱者”的行为差异体现出来。老板对“能力较弱”员工提出的意见通常毫不感兴趣，也很少主动问及他们的意见。这便是所谓的“注定失败”综合征。[14]

以下方法可以帮助你减少固有偏见，保持客观公正：

- 切忌独行其是；提出不带个人观点的开放性问题，给予团队成员探索多种可能的机会。例如，不要说：“你是否和我一样喜欢 blue-steel 的标识？”而应该说：“你觉得哪个标识能够更好地向 35~39 岁的单身男性传递我们的价值观，原因是什么？”
- 进行后续提问。下属的第一个答案通常只是初步论断。如果你对他们进行后续提问，表现出兴趣盎然，他们便会有所感受，然后敞开心扉说出更多想法。
- 复述总结团队成员的观点，让他们知道你在倾听。

高管教练布鲁克·沃科维奇表示，保持客观公正还需要“了解自己默认的交流方式”。提供指导或帮助团队成员解决难题往往是多数领导者默认的交流方式。[15]“但这并不一定是员工需要的。例如，有时员工会找上级进行压力测试或者确定某个想法，并不想要明确的指导。如果老板不了解员工的真正需求，直接选择默认的交流方式并给出具体指导，那么员工便会觉得自己不受赏识，甚至还会感到恼火。”

在交流时，你可以借助一些简单的工具了解对方的需求，并据此做出行动。沃科维奇表示“VIVID”（vent，information， validation，idea，direction）模型便是一种简单好用的工具。[16]

- 判断下属是否需要发泄情绪（vent）？如果是，他可能会说：“我不需要你的指导，我只是想要一个宣泄口，我一定能解决好这个问题。”
- 还是下属想要更多信息（information）？或许他想要弄清你的观点或获取更多数据。
- 还是下属想要获得确认（validation）？或许他在解决问题的过程中需要一剂“镇定剂”或者你的赞同。
- 还是下属想要与你即兴探讨某个想法（idea）？或许他想和你进行一场头脑风暴，随便聊聊各种观点。
- 或者他确实需要你的指导（direction），想要明确你对他的期望？不过你还是要谨言慎行：因为团队成员在互动过程中想要获得以上 4 种反馈时，上级往往认为他们想要获得指导。

通过委派任务激励员工

你必须清醒地认识到，作为一个管理者，你不仅只主宰自己的命运。职位越高，做的具体工作便越少；你需要学会将工作分派给员工。学会放手至关重要。如果你确立了明确的方向，为团队成员制定了战略目标、阶段目标以及相应的衡量标准，那么放手便轻而易举。正如罗纳德·里根所说，你“既要信任，也要核查”。如果团队成员知道你对他们的要求，那么委派工作也易如反掌。将工作和项目分配给下属后，你能够把更多的精力放在领导团队，而不仅是管理团队上。如果你不知道应该如何委派工作，可以与团队成员一起讨论以下三个问题：（1）“你在哪方面需要我更多的帮助？”（2）“你在哪方面需要我更少的帮助？”（3）“我应该在哪些领域彻底放手，让你自己做主？”

你可以小心谨慎地逐步放松管制，以此营造良好的工作氛围，激励员工发挥最大价值。给予员工信任和自主权能够起到激励作用。萨拉升职后，本应该先与经验丰富的团队成员讨论以上三个问题，以此决定自己应在哪一方面发挥价值，她却没有。谷歌的领导者招聘主管斯图尔特·卡普兰将这种由管理者到激励者的转变称为“向新身份的进阶”。他说：“随着职位的提升，你会逐渐意识到自己需要改变做事方法。你不能再孤军奋战，不能处处亲力亲为，插手指导。你必须改变原来的工作方式——帮助你获得升职的工作方式！优秀的领导者都会意识到这一点——他们会进行深刻反省，意识到自己目前的角色已经转变为确立发展方向，然后委派任务，激励员工。”[17]

激励员工的主要因素包括工作充满挑战，实现有价值的事情，学到新知，与志同道合的人一起工作，拥有自主权。[18]（薪资固然重要，但不处于前列。）丹尼尔·平克在畅销书《驱动力》（*Drive*）

中讨论了激励员工的三大驱动力：自主、专精和目的。所以，管理者应该丰富下属的工作职责，营造良好的工作氛围，激励员工发挥最大价值。[19] 将重要项目委派给员工，并给予他们自由决定权；与员工分享信息；让员工知道他们的工作是不可或缺的一部分，以此激发员工争取自主权以及进行自我表达的欲望。[20]（关于工作激励因素的内容，请见本书第 7 章。第 7 章将详细讨论管理者如何获知自己的需求及驱动力。）

以身作则

管理者理应以身作则，这一点无须多言。但许多管理者都会在这里栽跟头，从而失去团队成员的信任。我认为管理者应在以下三个方面以身作则：（1）勇于承认错误，乐于接受批评；（2）谨言慎行，反复斟酌字句；（3）根据不同的情境，采用不同的管理风格。

众所周知，团队成员得到提升的方法之一便是虚心接受批评，从中吸取教训。但是，只有领导者以身作则，团队成员才有勇气直面并接受批评。此外，领导者建立公信力的最佳方式便是勇于承认错误，并分享自己改正错误的过程。推特的前任首席执行官迪克·科斯托洛以坦率闻名，我曾与他聊过这一话题。他说：

> 你必须对团队成员坦诚相待，才不会让他们感到痛苦。

我发现许多管理者都很难与团队成员开诚布公地沟通。他们希望下属能够喜欢自己，最终却降低了自己的公信力。管理者不需要无所不知。如果你不知道答案，就请承认吧。我认为只有这种态度才能获得下属的信任。团队成员会想：“我知道迪克在坦率地跟我沟通。”实际上，管理者的工作是确保团队成员理解你所理解的东西。管理者并不需要确保每个决策都必须正确，而是需要找到能够帮助他做出正确决策的人。[21]

沃尔玛有一个所谓的“纠错”流程。如果一名员工或一个团队搞砸了一件事，他们需要写一张一页的报告说明所犯的错误、造成的影响、犯错的原因，以及如何确保自己不会再犯。然后他们将在受到波及的人员面前展示这份报告。这个认错程序成为激励公司员工保持诚信透明的典范。

在 2006 年的“黑色星期五”，我们团队为新款芝麻街玩偶策划了一场促销活动，导致沃尔玛在线购物平台的流量提高了大约 4 倍，整个网站完全瘫痪。我因此向高管团队和首席执行官提交了纠错报告。我觉得自己肯定会因为发起这场不合时宜的促销活动而被炒鱿鱼，所以我在从旧金山到本顿维尔的飞机上，一直在读西班牙旅行指南，想着被解雇后可以与妻子一起去巴塞罗那和西班牙北部旅行。我的纠错报告简短干脆，内容直白。我还在其中提出了一些可以应用于未来促销活动的新方法、新流程，以避免网站在流量激增时瘫痪。正是因为这次展示，我没有被解雇，重返工作岗位。西班牙之旅也因此搁置了。

以身作则还要求管理者在与团队成员沟通时反复斟酌词句，切忌胡言乱语。请你思考以下问题，判断自己是否在说话时降低了作为管理者的公信力：

- 你是否总是空话连篇，闪烁其词——支支吾吾半天，然后又说一切皆可能？几年前我曾让公司的一位高级副主管记录他说“我觉得这个答案太不确定”“这得视情况而定……”的次数，并观察此时下属一脸迷茫的表情。
- 你是否过分吹嘘自己？你是否夸张地描述事实（说话喜欢用最高级，例如：“最佳品种”“世界一流”），或者是否因为想要快速结束一场交易而做出一些无法兑现的承诺？
- 你是否惜字如金？你是否总喜欢说一些老生常谈的话或使用缩略词，而不使用更加准确易懂的沟通方式？每次大老板起身进行一场混乱的发言时，比如：“尽管今年冬天的大雪对我们造成了影响，但我们凭借最先进的 TQM（全面质量管理）解决方案让业绩更上一层楼，这次范式变革也帮助我们获得更多消费者。”员工是不是一直在翻白眼？

以身作则还要求管理者保持灵活多变的领导风格，根据不同情况采取不同的管理方式，以实现最优结果。就像技工师傅能够在工具箱中选择合适的工具解决手头的问题一样，优秀的管理者也可根据不同情况选择不同的管理方法。如果情况紧急，需要绝对服从，那么管理者需要使用指导性的领导风格。如果团队快要分崩离析，需要重建和谐，营造互相理解的氛围，那么管理者需要有亲和力，并且以实现共识为导向。如果团队需要一位能够确定方向、给予团队成员信心的领导者，那么管理者则需要有远见卓识和感召力。[22] 优秀的领导者能够审时度势并且思考：“在这种情况下，我需要做什么呢？”有时答案可能是什么都不做——只需要保持沉默，放手让团队成员去做；有时可能需要强行介入，挽救岌岌可危的项目。

我 25 岁时在百事集团食品服务部加拿大分部做经理。那时，我目睹了国际部主管格雷厄姆·“吉尔”·巴特勒根据不同情况采用不同的领导风格，那给我留下深刻印象。那是 1988 年 11 月，必胜客、塔可钟等连锁餐饮店仍隶属于百事集团。百事集团加拿大分部兼管必胜客和塔可钟在加拿大的业务。我们正在向总部主管展示下一年年度运营计划，主管中便包括吉尔·巴特勒以及他的高级职员。他们乘坐公司专机从纽约总部飞到位于多伦多的加拿大分部，专门来听我们的商业计划。我负责展示塔可钟在加拿大地区的营销计划，那是我第一次面向领导层做展示，更是第一次向集团的部门主管做展示。我非常紧张，甚至为透明投影胶片安装了框架（那时还是 1988 年），避免投影仪上的画面晃动。

到展示环节，我更加紧张了。在我前面做展示的是我们的门店运营主管，因为塔可钟上一年的业绩很差，门店销售额增长缓慢以及服务质量评分低，他受到了严厉批评。我才展示了大概三张演示文稿，便听到巴特勒用低沉的声音说道："坐下！我不想再听下去了。"我们的管理团队那天都身着灰蓝色服装，坐在最前排。巴特勒转向他们说道："我觉得你们没有能力完成这个计划。你们过去两年都没有完成目标计划，我不希望明年又是如此。我希望你们认真思考一下这个计划的可行性，做一份评估报告，下个月来纽约向我们证明它的现实可行性。另外，我不会再对你们增加投资了。"然后他站起来说道："我们休息一下，然后再听必胜客团队的展示。"之后便径直走出会议室。会议室里一片死寂。我既震惊又疑惑，想要从运营主管那里获得一丝安慰。他说："我觉得自己应该考虑重回商业地产行业了。"这句话似乎更像是他对自己说的。吉尔·巴特勒用几句话便向我们说明了当前的严峻情况，我们之前都不愿承认：我们乘坐一艘破船驶出了安大略湖，进入风暴中心。如果我们无法稳住船只，证明它还能继续航行，那么船注定会沉。

15 分钟后，必胜客团队开始展示他们的商业计划。尽管我没有参与展示，但是作为必胜客配送部的一员，我参加了那场会议。吉尔·巴特勒安静地坐着聆听，虽然时不时会和他的员工低声说话，但是总的来说他听得全神贯注。他问了几个引人深思的问题，必胜客团队的人非常专业地做出了回答。三个小时后，必胜客团队的展示接近尾声。整个会议室都非常安静。大家都看着巴特勒，他站起来对必胜客的管理团队说道：“几周前，汉城奥林匹克运动会落下帷幕。我想恭喜你们，今年你们有望获得业绩‘金牌’。而且，从明年的运营计划来看，你们的业绩还会进一步增长。我要请你们部门的所有人喝一杯。”他的反差非常明显，早上 10 点还像一只暴躁的狮子，下午 4 点却成了一只和蔼可亲的熊猫。

成为一名优秀的管理者或领导者绝非易事，甚至可能与我们一贯的认知迥然不同。我们要避免理所当然的想法，凡事深思熟虑，少说多听。在职业生涯早期，每个人都会像萨拉一样，因独立按时完成任务，没有超出预算，在影响力有限（通常是部门内部的一个项目团队）时果断做出决策等获得嘉奖。但是，之后的职业生涯里，在向管理者和领导者转变的过程中，这些优点可能会产生毁灭性的影响。对萨拉这样天赋异禀、擅长“做事”的人来说，转变为管理者和领导者的过程尤其艰难。我们需要改变工作方式，学会用人，实现由运动员向教练的转变。我们还需要将思维从“我”转变为“我们”，这虽然非常困难，却是成功转变为管理者和领导团队的关键。萨拉聪明智慧，驱动力强，愿意自省，因此她很有可能扭转开局不顺的局势，成功从微观管理者转变为团队的领导者。

第3章

1.0 版本的人：固守己见、墨守成规

TaskServe Inc. 是一家为企业提供软件服务的 SaaS（软件即服务）公司，帮助沃尔格林、麦当劳等大型零售企业实现设施维护流程自动化。目前，数千家第三方设施维护公司可直接通过 TaskServe 的软件平台，代表零售商和房地产商无缝安排并完成工作（例如铲雪、修剪草坪等）。埃迪是该公司的一名销售代表，业绩突出，最近刚升职为区域销售经理。

埃迪热爱销售——他喜欢四处奔走，和顾客打交道。升职为销售经理后，埃迪的工作内容发生变化，但是他仍将自己定位为一名面向顾客的销售代表，也就是他的第一份工作。1.0 版本的人形形色色——他们可能是大大小小的公司里的经理人、副总裁、科技专家，但是他们都有一个共同特征：无法适应变化。他们无法跟进工作要求的变化，这不仅会拖慢公司的发展进程，也会影响他们自己的职业生涯。

朱莉是一家大型房屋修缮连锁店的设施维护部副主管。埃迪团队的一名销售代表之前已经与朱莉公司的管理团队进行过初步沟通。今天埃迪亲自拜访是为了最终敲定合作。我们来听听他们的谈话，看看埃迪在争取这笔订单的过程中遇到了哪些问题。

朱莉："埃迪，我们的设施维护团队已经与贵公司的销售代表进行过初步沟通，而且沟通结果不错。但是，在决定与贵公司达成正式合作之前，我希望你可以先回答我一个非常重要的问题。"

埃迪："朱莉，非常感谢你今天能够抽出时间和我见面。我愿意解答贵公司的任何问题，以便促成我们的合作。请问您有什么问题呢？"

朱莉："谢谢。我今天早上才注意到，贵公司的一家竞争对手公司已经可以通过一款使用了内嵌全球定位系统技术的手机应用整合设施，维护承包商的服务，使用者能够快速查询所有服务并精准指定服务时间。我记得贵公司没有提供这一服务，对吗？"

埃迪："朱莉，我们公司拥有业内最强大的科技实力。我们是业界的佼佼者，去年在《当代科技》杂志的客户调查中，我们位列'最佳 SaaS 企业软件产品'名单中。贵公司需要任何功能，我们都可以立刻研发。"

朱莉："所以你的意思是现在还没有这个功能，对吗？"

埃迪："如果没有，我保证我们可以立刻研发出来，而且是为贵公司量身定制。"

朱莉："所以你不知道你们到底有没有这个功能，对吗？"

埃迪："我不是很确定，朱莉。不过目前应该没有。我现在很快发个信息确认一下，可以吗？"

朱莉：（埃迪发信息时，朱莉叹了一口气。）"好吧。在等待回复的这段时间，你能不能告诉我，假如你们没有这个功能，需要多久的研发时间？研发需要什么条件？"

埃迪："不然这样吧，朱莉。我给我们公司的技术产品经理打个电话，问问他为贵公司量身定制这一功能需要多长时间。"

朱莉："我觉得我们现在没有这个时间，埃迪。你直接告诉我，你们大概需要多久可以将全球定位系统技术接入手机应用，供我们使用？"

埃迪："朱莉，这个我不确定。因为这是一项全新的技术，我不想给你一个模棱两可的答案。我保证今天之内一定给你准确的答复。假如我们很快就可以研发出来，那么我们便可以达成合作，对吗？"

朱莉："不一定，到时候再看吧。在你来之前，那家已经拥有这一功能的公司的工作人员刚从芝加哥飞过来。我现在打算去和他们见面，看看他们怎么说。但是请你一定要给我答复，之后我们再讨论后续的事情。"

朱莉给了埃迪好几次机会，希望他能够解释清楚，并说明研发这项新技术所需成本，推动两家公司的合作。但是，埃迪对此知之甚少，无法作答。因此，他很有可能失去这单生意。如果他实时了解竞争对手的科技实力，便不会被朱莉的提问难住。实际上，埃迪与朱莉见面的两周前，TaskServe 在总部奥斯汀举办了一次全体员工大会。会议上，技术产品团队提到了明年的新品研发计划，其中一个项目便是研发一款内嵌全球定位系统技术的手机应用，而且这一功能预计会在明年第三季度上线。但是，当时埃迪觉得自己需要新产品信息时再去请教技术人员就好了。因此他坐到会议室的后排，忙不迭地填写堆积如山的费用报表，对展示内容充耳不闻。埃迪不仅在员工大会上错过了这个重要信息，他还拒绝参加前两次技术产品会议。技术产品会议是为了让部门经理了解目前的产品研发计划并对公司未来的产品计划提出建议。埃迪为什么没有参加呢？一方面他觉得技术材料枯燥乏味，另一方面他认为自己的主要职责是销售，而不是去总部讨论那些复杂的技术产品的优缺点。

埃迪所犯的错误是 1.0 版本的人的通病。埃迪不仅需要了解未来的产品发展规划，还需要基于自己以及销售代表在竞争市场上观察到的现象，为产品发展计划提出意见。此外，埃迪还需要确保自己的销售团队了解公司未来的产品计划——他应该为员工提供培训，教他们如何将新的产品功能融入他们的销售计划当中。

1.0 版本的人可能会因为以下原因发生职业脱轨：

- 晋升或轮岗到一个成功标准全然不同的新岗位。
- 过于依赖某个上司或某个拥护者，一旦他们离职，1.0 版本的人便会不知所措。
- 害怕或抵制公司重组等不可避免的商业变化，或者不愿接受因科技创新带来的商业策略改变。
- 缺乏好奇心——安于现状，希望事情一成不变。

仅次于不擅长人际交往的第二大影响职业发展的因素是：难以适应变化。一些研究表明，一半以上经历职业脱轨的管理者都曾受到这一因素的影响。[1]商业环境愈加复杂、解决方案不甚清晰，因此，随着管理者步步高升，其适应能力也显得更加重要。责任增加时，我们必须学会高效管理更多利益相关者，同时也需要意识到同事负责的各种部门项目所衍生出来的政策上的细微差别。高管教练凯文·默南曾经告诉我："随着职业道路的发展，你需要从提高技术能力转变为培养人际交往能力，并且适应由确定向不确定的转换。"[2]

H.E.B. 是美国最大的私企之一，蒂娜·詹姆斯是该公司人力资源部的高级副总裁。她曾向我简述了 H.E.B. 在雇用新人时最重视的几大素质。其中，她特别强调："适应能力是我们公司最注重的品质之一。我们希望员工能够注重自身发展，保持好奇心，乐于接受改变，有可塑性。这是我们筛选员工的一大标准。"[3]这正是埃迪缺乏的品质。

你是否属于1.0版本的人？

请思考以下几个问题，判断自己是否思想开明，能否随机应变：

- 你是否总是抵制改变？面对变化，你的第一反应是深入探究，还是选择按部就班？
- 你是否会主动寻找学习新技能，培养新视野的机会？你是如何做的？你"开拓眼界"的方式是什么？
- 哪些新技术和新趋势正在影响你所在的行业？你是否会实时了解这些新技术和新趋势？
- 你会承认错误并从中吸取教训，还是会为自己找理由，试图掩盖错误？
- 在别人眼中，你是否是一个适应性强、乐于改变的人？你身边最亲近的人怎么认为？

1.0版本的人问题何在

缺乏适应能力的人通常会因为以下三大原因遭遇职业脱轨：害怕改变，有严格的信仰体系和工作方式，无法适应不断变化的环境。

害怕改变

即使新的商业挑战要求人们改变工作方式或学习新技能，一些人仍然害怕改变，渴望维持现状，这是导致职业脱轨的一大因素。他们可能会暗自担心“不能学会新的工作方法”，因此瞻前顾后，畏缩不前。

在罗伯特·霍根总结的11大“黑暗面”性格（见第1章）中，有两个是无法适应改变的人的通病。第一个是谨慎，是指那些优柔寡断，规避风险，因为害怕犯错或不愿收到负面评价而拒绝冒险的人。他们不愿行动，正是这种不作为导致他们遭遇职业脱轨。第二个是尽职尽责，是指那些过于依赖他人的支持和指导，总想讨好他人的人。他们总是想方设法迎合上司；他们害怕受到批评，不愿做出与大多数人想法对立的行动。因此，他们的下属和同级会认为他们没有骨气，慢慢地，他们便会失去他人的尊重与支持。导致职业脱轨的各个因素之间会相互影响，相互作用。例如，适应能力差会影响管理者高效领导团队的能力。

戴维·多特利奇和彼特·卡伊罗是两位领导力教练，合著书籍《CEO 为什么会失败》(*Why CEOs Fail*)。他们说："从我们的经验来看，如果领导者不论何种情况都选择墨守成规、保持谨慎，那么他们便会失败。"[4]他们放弃自己的决策权和管理权，反而去做一些无关紧要的重复性工作，例如：组建委员会，建议做进一步调查"让情况更加明朗"。偏向规避风险，过于谨慎的管理者会阻碍公司发展，导致实质性工作无法得到落实。当公司业绩下降时，这类人便会成为处于弱势地位的人。

阿迪亚是美国东海岸一家大型慈善机构的现任总裁，她在职业生涯早期也曾经历过职业脱轨。当时新老板上任，她因为优柔寡断而无法完成工作。[5]她告诉我："适应能力较强的人会有一种"事不关己"的感觉。这并不是说他们不在意，而是他们不会固守过去的发展愿景、发展方向或前任老板，因此能够适应改变。他们就像随风倒的大树一样能够随机应变。"阿迪亚讲述了她在新老板上任后的经历：

> 当时我一心沉迷工作——工作对我来说至关重要，因此没有很好地适应她的工作方法。她的管理风格比较激进。她要求我们定期提供最新工作进度，根据核心评估标准一览表进行管理，而且毫不留情——我被她吓到了。我非常乐意工作，但是新的业绩评估标准以及她咄咄逼人的管理风格让我

身心俱疲。我非常恐惧。我的本能反应占了上风，因此，我没有与她开诚布公地沟通，反而选择了逃避。最后，在公司的一波裁员中，我被解雇了。但是，我从那次经历中吸取了教训。现在，我已经学会随机应变。在下一份工作中，领导层经历大洗牌，商业规则随之变化时，我保持沉着冷静，从容面对，丝毫没有胆怯。我敢于直面改变，而且学会适应改变。这次我没有被裁掉！

严格的信仰体系和工作方式

一成不变的工作方式和熟悉的事物会让人安心。但是如果建立了严格的信仰体系、执着于一种工作方式或信仰，在面对不可逆转的新情况时仍然故步自封，因循守旧，我们便会陷入困境。TaskServe 的销售经理埃迪不愿改变自身对技术在销售工作中的刻板印象，甚至在面对不可避免的市场变化时亦是如此。他可能会自称"传统主义者"，更喜欢经过时间检验的传统销售方法，认为相比测试一项不知结果如何的新技术，保持现状更有利。但是，他想要和朱莉敲定合作时，却发现正是因为自己对公司的新品研发计划置若罔闻，所以才无法解答朱莉的问题，促成双方的合作。如果他依旧对技术问题不闻不问，那么他的职业发展必定会受到影响。

无法适应不断变化的环境

外部环境不断变化会导致职业脱轨。外部环境变化通常是指一个导火索——某一特定事件或一系列环境变化。例如，职业转换，上级变更，所在行业经历根本性变革等（通常出于技术原因）。

第一个导致职业脱轨的环境变化是职业转换。调职或升职到一个新岗位时，我们要摸清新形势并快速适应。我看到人们升职后经历的最常见的难题便是：从心理上实现从独立贡献者到团队管理者，或从团队管理者到部门领导者的转变。工作重心发生变化时，我们也需要调整行为，适应变化。很多时候需要我们在行动上从做工作转变为管理工作，在心理上从以“我”为中心转变为以“我们”为中心。（我将在后文讨论“职业转换”这一重要话题的应对措施。）

第二个导致职业脱轨的常见环境变化是：过于依赖某个老板或导师。他们被调到其他岗位或离开公司时，我们便会不知所措。[6] 当前任老板离职，新任老板的工作重心和管理风格迥然不同时（例如，前任老板属于参与式管理风格，新任老板属于专制型管理风格），我们便会陷入困境。难以适应新老板对业务的看法以及他们的领导风格是常态。我们必须意识到：应该是我们适应他们，而不是他们适应我们。

当我 20 世纪 90 年代中期在菲多利工作时，导致我职业脱轨的主要原因之一便是上级变更。我的直属上司是一名高层管理人员，他和我共同确立了我的工作重心，而且很少干预我、给予我极大的空间发挥自主性。而新任老板迈克更喜欢亲力亲为。迈克属于参与型管理者，我第一次与这样的上司共事，不知道如何与他相处（如何处理我们的关系）。为了给自己留下更多回旋的余地，我没有找他咨询，也没有告诉他我在关键项目上的最新进展，这令他非常恼火，因此加大了对我的控制力度。就像我之前所说，从那时起，我们的关系便陷入恶性循环。

第三大导致职业脱轨的环境变化是：无法识别、理解并接受会对公司业务造成影响的宏观环境的根本性变革，因此没有对自己的工作进行必要的调整。由于竞争市场变化和技术创新而导致商业策略发生变化时，我们必须学习新技能，适应环境变化，从而实现成功。例如，如今智能手机无处不在，越来越多的买家会在购物前或购物时查看商品价格。他们可以在实体店找到某个产品的最优价格；如果他们不想去实体店，也可以直接在网上比较价格，购买最优惠的产品。因此，零售经理和主管正在重新思考项目级别（SKU，库存保有单位）管理方式和定价策略。鉴于零售价格透明度较高，如果购买者能够在附近商店找到更优价格，零售商是否应该调整自己的价格，确保与竞品价格持平或比竞品价格更低？零售商是否应该为购买者提供到店前通过手机订货的服务？这些战略性问题对整个零售商业体系的运行都会产生持久而深远的影响。面对科技创新造就的行业新秩序，采购、市场、店铺运营、物流、技术等部门的领导者应如何应对？他们是会欣然接受改变，深入了解新技术并对其进行调研，立刻开始测试新方法，研发新的适配功能，还是会选择不闻不问，一味祈祷新技术不要对自己的零售业务造成太大影响？

另一个环境变化是：公司为了提高业绩水平进行重组。有的公司从以“总部”为中心的集权式组织架构，转变为以“分部”为中心的分权式组织架构。有的公司从传统的以职能部门为基础进行汇报的组织结构，转变为由多个职能部门汇报给特定业务部门且公司由多个战略业务部门组成的组织结构。这时，管理者能否欣然接受改变，成为变革的推动者，或者至少适应新的发展方向？

美国艺电公司是电子游戏软件发行行业的领头羊，旗下拥有《模拟人生》《模拟城市》等系列游戏产品，以及知名体育电子游戏品牌 EA Sports。该公司以游戏画面逼真闻名——玩家在玩足球游戏时，就像置身于体育场。20 世纪 90 年代末，我在艺电公司担任市场营销部副主管。之后，我因为创业离开公司。不过我始终在关注艺电，而且亲眼见证了公司收益从几千万增长到数十亿的过程。《消费者报告》是一本专注消费者体验以及消费者与企业纠纷的杂志，该杂志下属公司旗下的 Consumerist 网站主要发布消费者相关事宜，享有较高知名度。2013 年，该网站再次将艺电评为“美国最差的公司”之一。艺电当时是唯一一家两次上榜的企业。艺电会做何反应，我对此非常感兴趣。玩家说自己不喜欢艺电的商业模式。他们向 Consumerist 网站抱怨说：艺电使用千篇一律的名字，利用成熟但在玩家眼中质量低下、错误百出、不够完善的系列游戏产品捞金，却不发布新款具有创新性的游戏。玩家还说，艺电要求他们额外付费，却对他们提出的产品反馈置之不理。艺电公司的新任首席执行官安德鲁·威尔逊表示：“我们当时没有站在用户体验的角度考虑所有事情。”[7] 在零售店购买 EA Sports 的游戏卡（被装在外层包着塑料薄膜的盒子里），坐在沙发上和朋友一起玩游戏的日子已经一去不复返。在网上购买游戏并通过网络与全球上千名玩家一起玩游戏的人越来越多。威尔逊表示：“公司正在从线下快消品零售商转型为线上内容供应商。”[8] 艺电没有快速适应市场变革以及消费者需求的变化，因此股价持续下跌（2005—2012 年下降 66% 左右），公司急需进行调整。威尔逊和董事长拉里·普罗布斯特（将艺电打造成为世界最大、最成功的电子游戏公司之一的人物）带领公司做出三个重大改变。

第一，将“玩家第一”作为企业文化，强调游戏质量比数量更加重要，而且产品只有在经过不断完善并且已经“做好万全准备向消费者发售”时才会上市。第二，艺电开始关注增长迅速的数字化渠道，尤其是苹果和安卓智能手机上的手机游戏市场，并且对多个商业部门进行整合。通过这些举措，用威尔逊的话说，艺电“终于成为一个整体”。[9] 第三，艺电关闭了几个游戏开发工作室，进行了大规模裁员，并进行了部门重组。[10] 许多之前事业成功、野心勃勃的管理者和高管都无法适应市场变革以及艺电的最新商业策略，有的主动离开公司，有的遭到解雇。

凭借此次战略变革，艺电的股价一路上涨，从 2013 年 1 月的每股 14 美元上升至 2015 年 12 月的每股 72 美元（2017 年年中，股价达到每股 100 美元）。公司首席执行官安德鲁·威尔逊荣膺《福布斯》杂志年度商业人物第三位，仅次于耐克的首席执行官马克·帕克和脸书的首席执行官马克·扎克伯格。

威尔逊认为，艺电能够重回往日的辉煌得益于企业文化的变革，公司不再追赶游戏发行时间表，而是更关注玩家体验。威尔逊表示：“过去，整个公司的节奏由会计部门掌控……不像数字行业是一周 7 天、一天 24 小时的工作节奏。”他认为之前的艺电是一个“分离的组织”，许多人本意很好，却没有将玩家（艺电的用户）放在首位。[11] 在总结这次经历时，威尔逊说道：“我真的希望艺电永远不再上榜‘美国最差的公司’。”[12] 董事长拉里·普罗布斯特之后说：“我想说的是‘只要我活着，这种情况便不会再出现’。”[13]

艺电的故事说明，领导者和高管保持随机应变以满足终端消费者的需求至关重要——科技创新带来市场变革，玩家开始从线下用游戏机玩游戏转向玩手机游戏和网络游戏，艺电需要适应这一变化趋势。威尔逊在出任首席执行官，发现改革刻不容缓之时，艺电才做出行动。艺电的裁员也为哈里·克雷默提供了借鉴。他是百特医疗产品公司前任首席执行官，私募股权公司 Madison Dearborn 的现任高管。他在强调要成为变革的发起者而非接受者时，曾说过一句至理名言："你是剧中人，还是旁观者？"

劳拉·弗拉纳根是美国西部家禽生产公司 Foster Farms 的首席执行官。她告诉我，她之前在一家公司工作时，亲眼见过一位同事因无法了解并适应不同的工作环境而遭遇职业脱轨：

> 他之前在美国一家顶级咨询公司工作，我们公司请他来管理一个部门。如今，咨询行业非常重视展示能力。你最终需要以展示的形式提出合理的解决方案。但是在快速消费品行业，展示能力并非成功的关键因素，能够制定策略、整合资源、获得团队信任以及执行项目才是关键。但是这个人总是不停地展示自己。他总是直接站起来、打开演示文稿向别人展示他的观点，而不是与他人共同探讨，取得他人的支持。最后，有一次他没有经过再三思考，也没有意识到自己需要和研发部门以及生产部门进行确认，确保产品数量充足，便一意孤行提前发布了一款产品。尽管他工作经验丰富，但是无法适应更注重执行力的快消行业，所以犯下了愚蠢的错误。那次事件后，他很快就离职了。并不是因为他不够聪

明——其实他非常聪明。真正的原因在于他无法适应新环境——他不提问、不观察、不倾听、不学习，所以不知道如何在新的环境下高效工作。[14]

6个提高适应能力的方法

方法1：提高学习敏锐度

历史学家芭芭拉·塔奇曼在谈及政治领导者的严重错误以及目光狭隘如何阻碍合理决策时曾说："他们没有从经验中吸取教训的能力。自欺欺人的根源是'思想顽固'，后者在政府中影响广泛。'思想顽固'的具体表现是：以固有观念评估形势，对不符合固有观念的部分选择视而不见或全盘否定。他们按照意愿行事，不希望因为现实偏离既定方向。"[15]

学习敏锐度是指从经验中吸取教训以及将所学应用于新的挑战、提升表现的意愿和能力。培养学习敏锐度可以避免"思想顽固"。[16]一项研究为了确定影响管理效能的行为是否会因层级有所不同，对企业各个层级的2 000多名管理者进行了调查。结果发现，不论哪一管理层级，影响效能的唯一因素便是研究者所谓的"学习导向"，其中包括学习能力和适应能力。成功人士能够在快速吸收信息、主动学习知识的同时随机应变，运用所学知识应对挑战。[17]

这一研究结果得到两大人才发展公司——Lominger 有限责任公司和光辉国际（这两家公司现已合并）的证实。Lominger 公司的研究结果显示，业绩卓越的员工擅长培养自己的学习敏锐度（发现关键线索并迅速改变行为的能力），因此能够获得更多升职机会。[18] 光辉国际发起了一项为期 10 年的管理者研究，结果显示，学习敏锐度越高（通过评估确定），得到的升职机会越多。[19]

提高学习敏锐度首先需要培养自我意识，想必读者对这个话题已经非常熟悉。学习敏锐度较高的人通常思想开放，了解自己的优缺点。他们知道自己存在固有偏见，能够意识到自己何时过于挑剔，因而能够见机而作，控制自己。培养自我意识是设立个人发展目标、提高业绩水平的有效方法。

学习敏锐度较高的人认为工作和生活是由一系列不断发展、多种多样的学习体验构成的。他们将失败当作其中一种情况（并不代表他们的能力水平）以及一个学习机会。所以，请尽量丰富自己的经历，促进个人发展与提升；接受有助于个人发展和专业水平提升的工作职责（具体内容见第 8 章“你不能依赖‘别人’”）；尽量卸下阻碍学习的心理防备，例如害怕遭到否定，害怕他人认为自己一无所能、傍人门户；如果能够从中学到新知识，尽量向公司争取横向调动；如果能够借此接触自己从未涉足的领域，争取加入跨部门团队。

还有一种提高学习敏锐度的方法是：行动导向，主动完成学习目标。遇到挑战时不要拖延，做到今日事，今日毕。问题不会随着时间的推移消失，反而会进一步恶化，所以要尽早采取行动。

学习敏锐度高的人会反省自己的假设和方法是否合理，并且不断提高解决问题的能力。对于意料之外的结果，他们会进行深究——为什么事情会这样发展？我们能够从中吸取什么教训？他们能够以独特的方式看待问题，通过整合多种模式处理信息，能够考虑前因后果，把一些看似毫无关联的因素联系起来。这种能力通常被称为“联想思维”，这是具有创新能力的人的关键特质。你可以盯着一面墙并肆意联想。当你遇到冲突或反思自己的表现时，尽量将自己从当前的情况中抽离出来——既做参与者，也做旁观者。

同时你需要保持开放的心态。学习敏锐度高的人乐于探索新想法、新视角。他们擅长倾听，能够与他人感同身受，对文化差异非常敏感，能够随机应变。所以，你要努力培养随机应变的能力，不要过于挑剔，不要局限于自己有限的视野。知易行难。我现在仍然需要不断提醒自己：“卡特，要摈除杂念，不要持有偏见，听听别人的想法。”我之前的一位老板曾经说过：“大多数人不愿意倾听，只会不停地‘装子弹’。”想必你也不愿成为这样的“杀手”。

迈克·加姆森是领英全球解决方案部门的高级副主管，他非常了解人们在职业发展过程中如何培养技能，取得进步。他说："职业前景光明的人会不断发展自己，提升自己。他们会主动寻求挑战，突破舒适圈，让自己保持动力。"当我问迈克学习敏锐度与职业脱轨之间的关系时，他说："当员工的角色发生改变，他们却没有提前预知自己存在技能缺陷时，职业道路便会受挫。"互联网和手机的出现导致消费者购买习惯发生了翻天覆地的变化，加姆森认为这一变化对市场部门的影响最大。在过去 5~10 年间，市场部经理和工作人员的流动率非常高。加姆森表示："有人是天生的社会营销专家，有人却不是……我见过很多人押错赌注；他们没有学习正确的技能。你必须明白，专业技能存在'保质期'——或许最多 5 年，如果你在保质期内没有提升自己的技能，那么便会遭遇职业困境。"[20]

方法 2：理解职业转换

难以适应不断变化的环境通常会引发职业脱轨，尤其是职场人士在经历职业转换时——例如调职或升职。当个人能力与岗位要求匹配时，员工往往表现良好。但是，当二者不相匹配时，员工便会陷入职业困境。在凯洛格商学院的继续教育项目中，我和许多中级和高级管理者都有接触，我问过上百名参与项目的管理者："得到升职或调到新岗位时，你真正了解新岗位的所需技能以及成功要素吗？"举手的人仅有 10%~20%。然后我叫起那些举起手的人，问他们如何了解新岗位的需求以及成功要素，并顺利实现角色转换。

他们会采取以下一种或多种措施。第一，花时间问清楚新老板的需求，向老板提问："我在未来两三年应该取得哪些成就，您才会对我的工作满意？"通过与老板交谈，他们会列出3~5个关键任务。之后，他们会和老板一起为每个任务制定关键业绩指标。这一行为旨在明确新岗位的成功要素。

第二，如果新老板没有给出明确的指导，他们会自己确定阶段目标和战略目标，明确成功的衡量标准，然后将其拿给老板确认，获得老板的支持。

第三，他们会找到经历过相同或相似职业转换的员工，向他们寻求建议，并问他们：在职业转换过程中遇到过哪些挑战？哪些东西需要特别注意？他们从中吸取了什么教训？哪里比他们预想得更加困难？什么让他们猝不及防？他们在哪一方面遇到了困难？除了本部门以外，哪个部门和团队、哪些资源对他们的成功至关重要？他们能否提出三个建议？

在职业转换早期，他们会定期向老板报告——频率为每周或每两周，目的是确保双方在重要任务上想法一致，自己能够实时获得业绩反馈。

我真希望自己在经历职业转换时也采用了这些方法。但实际上，在很长一段时间里，我对新岗位的成功标准都不甚了了。我离开菲多利，到艺电担任市场营销部副主管时，并没有花时间去了解新岗位的关键任务以及获得成功需要学习的技能。因此，刚开始，我的适应过程非常漫长。不温不火的年中业绩报告也说明了这一点。（实际上，用“不温不火”这个词已经是嘴下留情了。我的老板马克告诉我：“卡特，你适应得太慢了。游戏开发商甚至都不知道你是谁，你的工作是什么。”）幸运的是，马克是一位好老板。他和我一起制订了岗位规划。第一步是走出办公室，实地拜访《模拟城市》、*EA Sports* 等游戏的开发商。在实地拜访的过程中，我一直在思考自己应该如何帮助他们制作出更好的游戏，进行更加有效的营销。我发现自己的首要工作应该是：研发一个可规模化使用的用户研究计划，在研发测试阶段对多种产品进行测试，了解目标用户的想法，了解发行产品之前还需做出哪些改变。在进行实地考察之前，制订一个测试阶段可规模化使用的用户研究计划并非我的工作重心。我将其作为工作重心后，业绩水平也得到明显的提升。

岗位需求会随着职业转换而发生变化，意识到这一点至关重要。职业转换时，我们的想法和自我认知（有时）也需要随之改变，以适应新环境。在《卓越领导之旅》（*Leadership Passages*）一书中，作者戴维·多特利奇和他的同事表示：“只有摆脱过去的固有思想，才能从经验中吸取教训。换言之，你必须承认，过去帮助你实现成功的特征、品质、态度和技能并不能确保你在未来获得成功。”[21]

每个人在职业生涯中至少会经历4次重要的职业转换。[22]为了提高适应能力，避免成为1.0版本的人，你需要确定与下一份职业相关的事情，并制订规划，确保自己了解新的岗位需求。

（1）从管理自己转变为管理他人

从管理自己转变为管理他人——思想和行为的转变，是萨拉成为成功管理者的必经之路。她需要从一名“实干家”转变为工作的规划者和员工的管理者，为团队成员提供培训，学会赋能，避免成为微观管理者。

（2）从管理他人转变为管理职能部门

从管理他人转变为管理职能部门充满挑战。随着工作职责的迅速增加，运用战略思维思考如何提高业绩，确保团队与其他职能部门高效合作以实现部门目标变得尤为重要。为了避免成为1.0版本的人，在职责增加时，我们至少需要在以下三个方面提高适应能力。第一，确保能够与公司内部至少低于自己两个层级的员工在部门会议上进行高效沟通（直属下属以及直属下属的下一层级员工）。我们不仅需要说清楚，不断交流团队的工作重心，而且需要解释团队的工作重心如何融入公司的整体商业战略。第二，确保团队能够获得所需资源，例如资金、其他职能部门的支持，只有这样，团队成员才能够完成部门的核心任务。第三，培养战略思维以及谋划能力。我们必须灵活行事，既能够着眼大局，思考提高业绩的方法，又能策划具体行动方案。

（3）从管理职能部门转变为管理业务部门

从管理职能部门转变为管理业务部门通常会让你受益颇丰。这一阶段，我们拥有更多的自主决策权，我们的行为将直接影响市场结果。然而，在管理一个独立的业务部门时，至少有三个方面与管理职能部门不同——我们需要学习并适应。第一，协调自己所负责的多个职能部门的不同商业活动——从采购，到物流，到营销，到销售——并实现总体商业目标。第二，认真倾听，提出建设性问题。现在，我们管理的人员都是各个领域的专家，我们对这些领域知之甚少。因此，我们需要咨询他们，对他们提出的解决方案保持开放的态度。第三，认识到环境的不确定性。我们在面对更加细微的商业问题并且答案不甚清晰时，要敢于摸着石头过河。

（4）从管理业务部门转变为管理企业

从管理业务部门转变为管理企业之后，你需要更加注重激励员工，建立公信力，设立清晰目标，以身作则地践行核心价值观。我们需要在以下几个方面提高适应能力。第一，制定令人信服的企业愿景。鼓励员工参与制定愿景，通过讲故事、举例等方式让企业愿景更加生动，打动员工。好的企业愿景能够吸引更多人才，激发沉寂在员工内心的雄心壮志——每天在工作中追求的，让他们感到自豪的东西。例如，美国西南航空公司联合创始人赫布·凯莱赫提出的“飞机平民化”；耐克的创始人菲尔·奈特提出的“激发每个人心中的运动激情”；沃尔玛创始人山姆·沃尔顿提出的“帮助消费者省钱，提高生活质量”。第二，确定工作重心。伟大的领导者能够确定战略方向，做出艰难决策，在海量的重要任务中确定当下的工作重心。我们需要设立正确的阶段目标和战略目标，并确保公司上下对其有相同的衡量标准。第三，建立关键人物（包括买家、供应商、消费者、金融分析师、媒体工作人员等）网络并对其进行高效管理。管理关键人物网络同时跟进核心业务一直以来都是一个巨大的挑战。最后，请谨记我们与团队成员的实力不相上下，因此必须花大量的时间建立并发展一个冠军团队，其中包括：为极具潜力的管理者提供培训，引进新人才，向别人推销公司愿景等。

为了成功实现职业转换，你需要准备好不断提问，忘掉之前帮助你获得成功的特质和行为。这并非易事——一些特质和行为或许在过去对你有很大的帮助，但在未来并非如此。例如事事亲力亲为，不会放权或者大部分时间都待在办公室里，没有进行实地考察，没有与供应商、买家、消费者和销售人员进行沟通并从中学习知识。

这的确很难！成功实现职业转换需要通过反省和思考确定要舍弃的技能和行为，了解新岗位的要求，还需要有提升和改变自己的意愿（见表2）。

表 2　主要职业转换

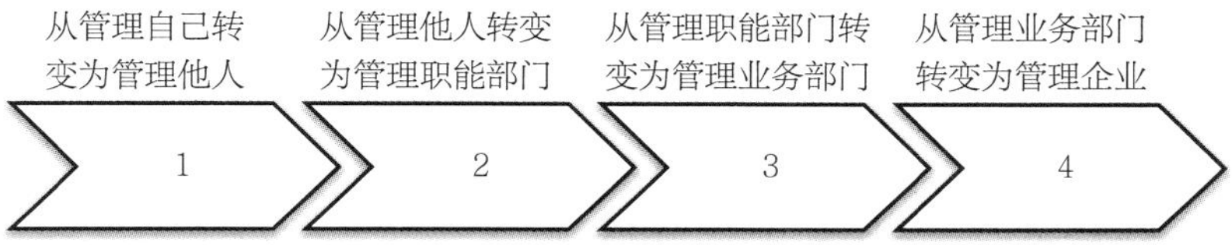

借助他人实现目标	培养战略思维	领导并整合	激励他人 取得信任
从做事者转变为管理者	有效沟通	获得支持	制定令人信服的企业愿景
规划工作	保证资源	提出正确问题 认真倾听	确定工作重心
培训员工	提高战略思维以及执行能力	在不确定的情况下进行管理	建立并高效管理关键人物网络

方法 3：平易近人

有时，害怕改变的心理会被掩盖在傲慢自大或反其道而行的外在表现之下。傲慢自大的人就像“圣母”一样“装腔作势，故作姿态”。他们表现出严谨、冷漠、自大，不过是想要借此保护自己。当自己的观点受到质疑时，他们会像“神奇队长”一样激进。最终，他们会将自己的情绪封闭起来，没有人可以真正感知他们的情绪。傲慢自大让他们缺乏亲和力，这非常危险。最后他们会发现自己不仅无法参与公司的商业交流，同事也会远离他们。我认为，对此最好的解决方法就是：展示自己的弱点。如果你的职业反馈中有“缺乏亲和力”这一点，那么下次你在会议上遇到争论焦点、轮到你发言时，便可以说：“我不知道。这个很难说，你们的想法呢？我洗耳恭听。”刚开始，你会看到他们目瞪口呆。之后，有几个人会露出怯生生的笑。最后，滔滔不绝的想法会向你涌来。

反其道而行的人在面对挑战或变化时，最喜欢说的话便是：“说的没错，但是……”当有人说：“或许我们可以考虑试用人工智能行政秘书，成本也不高。”他们会说：“说的没错，但是这样很奇怪——管理公司又不可能依靠人工智能。”想必大家也不想成为这样的人——把所有改变都拒之门外。久而久之，人们会认为这类人总是持反对意见、不愿改变，导致其他人不愿意再对他们说出自己的想法或者为他们提供任何反馈。

如果你认为自己因缺乏亲和力而影响了人际关系，那么你可以找到疏远你的人，主动接近他们，并向他们真诚地道歉。道歉时应直截了当，向对方示弱，认真倾听，不要为过去的行为辩解。例如，你可以说：“我之前没有认真倾听你的意见，一味否决你的想法。我不应该这样对你，真的很抱歉。你可以不计前嫌，再给我说一遍你的想法吗？我这次一定会认真倾听。”[23]

方法 4：突破舒适区

人们难以适应新环境的另一大原因在于他们不愿突破舒适

区，总是依赖已经被证实的事情。他们从不强迫自己前进，不去丰富体验，探索灵感来源。从我的经验来看，突破舒适区的第一个要点就是承认自己处于舒适区中。这并非易事。惯性对人的影响很大。针对想要突破安于现状的惯性，我常常会思考以下几个问题：

- 在现在的职位上，我的“学习 / 利用”（学习新技能、获得新视角的时间 / 利用我早已经掌握的技能和工具的时间）比率是多少？在 30 岁出头时，我希望自己的学习 / 利用比达到 7 : 3。但是我现在已经 55 岁，仍然在努力将学习 / 利用比维持在 4 : 6。换言之，即便我的工作是教书以及为企业家提供咨询，我仍然希望自己一周或一月中至少有 40% 的时间用于学习新技能和新工具。
- 本周我学习了哪些新东西？写日记是获取知识的最好途径——另外我还要定期检查、整合并将其付诸实践。我的日记里都是我自己的观察、读书笔记、犯过的错误与从中吸取的教训、其他人的名言高见及有关我未来想要从事行业的碎片知识。
- 本周我可以通过哪些方式让自己跳出舒适区？我能否成为某项新技术的早期用户，并且尝试学习使用它？（或许我应该买一个物联网设备研究鼓捣一下。）我本周可以做一些什么事情挑战自己？或许我应该组织公司参加联合劝募组织的活动；或许我可以开个账号发博客；或许我早上可以早点从家出发，选择走路或骑车去公司，仔细观察一下周围的环境。每个人都会陷入舒适区，我们一定要想方设法跳出舒适区。

方法 5：拒绝完美主义

伏尔泰曾说："完美是优秀的敌人。"为了让自己安心（"在进行下一步之前，我想百分之百确定这个解决方案正确"），完美主义者会不停地收集数据、进行测试，确保最终的决策零风险。但是，在现实生活中，零风险等于零决策。他们想要绝对确定的事情，这种观念往往会阻碍决策和行动，尤其是在情况不甚清晰时。我的完美主义倾向体现在总想要再三完善新想法或新产品，却不去设计一个最小可行产品进行市场测试，看看表现如何。为了避免完美主义倾向，我会思考以下问题：

- "如果我这样做，最糟的情况是什么？我能够承受这一风险吗？"我会将做这件事情和不做这件事情的风险进行比较，通常情况下，后者风险更大。
- "我应该如何分析风险，区分可逆和不可逆决策？"如果决策可逆，那么就放手去做！如果决策不可逆，就要更加谨慎，确保自己知道重要问题的答案。

方法 6：扩展关键人物网络

在我调查的 100 位管理者中，1/3 的人认为缺乏指导是职业脱轨的一个重要诱因。公司经历变化时（通常是指企业重组导致老板更换），他们发现自己岌岌可危——需要努力了解新的工作重心，获得新老板的信任。其中一位受访者说这就像“在外面寻找回到里面的吊钩”一样。企业环境发生变化时，拥有广泛的人脉至关重要——你可以向他们寻求意见，有时甚至可以将他们作为避风港。35 岁左右时，我在菲多利西海岸分部做渠道营销，主要工作是走访西夫韦和弗雷德等主要超市和食品杂货店。有一天，我上班时发现公司在进行一场秘密会议，很多人在走廊窃窃私语。我了解到，菲多利正在经历重组调整，西海岸分部即将解散。那我的工作怎么办呢？老板说：“散了吧，我的工作也没了。”我回到自己的办公室，打通了菲多利市场营销部副主管的电话，问他现在是否还缺人手，他是我在达拉斯总部的导师。几周后，我便在达拉斯定居，成为他手下的一员。我从这件事情中吸取的教训是：不仅要与同级同事建立良好的关系，还要与公司高层有影响力的关键人物建立良好的关系！你百分之百会需要他们的帮助。最重要的是：不要过于依赖某一个上司或某一个追随者，要学会广泛社交。过于依赖某一个上司的情况屡见不鲜，而当这位上司调到另一个部门或离开公司时，你便会孤立无援。有时，你也可能会遇到一位过于依赖你的上司，他非常欣赏你的工作能力，不愿意举荐你到其他岗位。如果你想知道自己是否存在这些问题，可以问问自己：离开你的上司，你是否缺乏一个鲜明独立的身份？其他人会不会质疑你的工作能力？如果答案是肯定的，那么你便需要突破束缚，扩大自己的人脉。

TaskServe 的销售主管埃迪是会成为一个无可救药的 1.0 版本的人，还是会通过这 6 种方法提高自己的适应能力呢？他不能继续对新技术漠不关心或敬而远之，而应该学习了解新技术，借此辅助销售工作。或许因为无法回答技术相关的问题而失去几笔订单会让埃迪幡然醒悟，或许细心谨慎的老板会注意到埃迪总是缺席公司的软件研发会议，然后帮助他意识到学习产品技术性能的重要性。不论是哪种方式，如果埃迪仍然不知悔改，他一定会受到警告。希望埃迪在职业道路受挫之前能够尽早警醒。

第 4 章

一招鲜：小心技能缺口

Warm Hearth 是一家制作饼干和烘焙食品的中型公司，其产品通过食品杂货店和超市在美国西部地区进行售卖。5 年前，盖尔·罗斯成为该公司的财务总监。盖尔是不可多得的数字天才，40 岁的她今年计划争取公司首席财务官的位置。

盖尔刚刚和自己的上司、现任首席财务官罗恩讨论完她的业绩评估报告。她回到自己的办公室，关上门，把牛皮纸文件夹扔到桌子上，然后一屁股坐到椅子上，长叹了一口气。业绩评估报告中大多为正面评价，比如“超额完成任务”，薪资涨幅高于公司平均水平等，盖尔却垂头丧气、愁眉不展。她靠在椅背上开始反思。她工作非常出色，这一点她心知肚明；她担任财务总监以来，没有人质疑过她的工作能力，而且公司的财务管理状况以及财务健康状况也大大改善。盖尔对会计管理和现金流管理驾轻就熟。在她的领导下，公司建立了一套完善的财务控制和预算申请流程，旨在降低风险，提高财务报告的准确性，确保财务报告符合一般公认会计准则和国际财务报告标准。公司大体上运转良好。

盖尔盯着桌子上的牛皮纸文件夹，里面装着她的业绩报告，心想：为什么在业绩报告的发展部分，“未来角色”的评估结果不是“首席财务官”，而是“表现优秀”（言外之意就是“待定为当前位置”）这种令人恼火的行话。

30分钟前，她问罗恩自己能否升职，罗恩的答案现在仍在她的脑海里挥之不去。他说：“盖尔，财务总监是最适合你的职位。你工作非常出色，天生就是这块料。”盖尔听到罗恩自以为是的话顿时火冒三丈，说道：“罗恩，我不需要你来告诉我应该做什么，这应该由我自己决定。”罗恩说：“实际上并非如此。只要你还在公司，你就无法决定，只有公司能决定。”

两人都冷静下来以后，一起讨论了公司认为盖尔无法升职为首席财务官的原因。罗恩给出三个原因。第一，尽管盖尔精通会计知识，在财务分配出现异常时能够立刻发现端倪，但是，她缺乏“与公司金融战略管理相关的其他领域”的知识技能，例如长期战略规划和商业预测，这些都是首席财务官的必备技能。第二，她仅仅专注于自己的工作，导致思维狭隘。例如，她从来不去了解市场部、客户销售部等其他部门提升业绩的关键因素。她不了解“驱动企业发展的要素以及各个要素如何成为一个整体”。罗恩说，用一句话概括就是盖尔“只有一技之长，缺乏其他能力”。

罗恩现在才把这么严重的问题告诉盖尔，引得盖尔非常恼火，她一抬手把桌子上的文件夹全部扫到地上。之后，盖尔坐回椅子上考虑自己下一步的计划。如果罗恩的话属实，那么盖尔便属于“一招鲜”式的人，过于依赖自己的一技之长（财会能力）。她没有丰富自己的财务管理技能，缺乏商业战略视野，而这些都是她成为首席财务官的必要因素。

“一招鲜”式的人可能会因为以下原因陷入职业困境：

- 过于纠结自己的一技之长，因此无法顾全专业领域之外的大局。
- 不去拓宽工作任务——没有通过横向调动丰富自己的商业知识。
- 缺乏战略眼光——无法识别能够为部门或公司提高价值的活动并将其作为工作重点。
- 参与在自己的知识领域以外的项目时，会因为工作的复杂性而不知所措。
- 在能够提升企业价值的关键业务方面（例如：对一个零售企业来说就是店铺运营能力；对一个科技公司来说就是软件开发能力），存在技能短板和知识缺失。

盖尔野心勃勃，想要升职为首席财务官。但是，即便是热爱当前工作，暂时不考虑升职的人都应该留心过度专业化的问题。过度专业化会导致员工无法看到事物之间的关联，无法将自己的工作任务与有关岗位和部门的工作联系起来。[1] 这样会降低当前工作的效率，因为他们不明白：自己的工作是依赖于其他团队的工作的。假如你是一名营销人员，负责营销搜索引擎，设计关键字提高网站用户流量。为了高效工作，你需要了解用户体验及设计部门的工作，因为他们极有可能负责制作登录界面，用户会在登录界面点击你所设计的关键字。多数情况下，仅仅知道如何做好自己的本职工作远远不够——你还需要了解你所依赖的相关部门的主要工作。

如何培养战略眼光

请思考以下关于知识广度和战略眼光的问题，看看自己是否存在成为“一招鲜”式的人的风险：

- 在面对商业挑战时，你是否总是依赖自己的一技之长？你是否总是使用相同或相似的方式解决问题？你是否了解其他关键人物的职责，并从他们的角度看待商业问题？
- 在整个职业生涯中，你是只做一种类型的工作，就任相似的岗位，还是通过横向调动拓宽了自己的商业视野？
- 如果某项任务将你置于你所擅长的专业以外的领域，你会拒不接受或者不主动要求接手任务吗？

- 你是否存在明显的技能缺失，导致无法真正理解公司各个板块是如何相互配合的？如果是，你的老板要求你学习哪些技能来扩展自己视野？
- 你是否收到过反馈，说你过于注重细节导致目光短浅，并且要求你着眼于全局，关注公司所在行业的市场动态以及关键竞争对手的动向？

“一招鲜”式的人问题何在

“一招鲜”式的人缺乏战略眼光，他们通常会因为以下三个原因陷入困境：过于依赖一技之长，在重要商业领域缺乏关键技能，不具备战略眼光。

过于依赖一技之长

过度利用优势会造成意想不到的结果。说到这里，我想到一则古谚语：“如果你只有一个锤子，那么你看任何事物都像钉子。”例如，财务经理总想固定所有项目的投资回报率，甚至是一些处于探索阶段或概念阶段的项目；广告公司的创意主管仅仅关注设计美学，却没有清楚传达商品信息，吸引更多消费者；放弃自己的长处的确很难。全球咨询和人才发展公司合益集团的调查显示，缺乏经验和技能是职业脱轨的关键原因。员工“目光短浅，只关注短期利益和专业技术”，不考虑通过横向调动拓宽视野，便会导致职业发展受挫。[2]

领导力研究专家隆巴尔多和艾兴格在合著书籍《如何提升自我》（*FYI: For Your Improvement*）中写道：“更高级别的管理岗位和职业目标要求广阔的视野和多样的技能。一种技能远远不够。”[3] 这种依靠一技之长的想法最终会导致许多天赋异禀的人遭遇职业脱轨。

艾伦便是一个典例。艾伦是一家软件服务公司的首席信息官，对技术领域以外的事情一概不知也漠不关心，他的职业道路因此停滞。在首席执行官和其他高管都会参加的高管会议上，艾伦从不发言，只会坐在会议桌旁敲键盘，做自己的事情。公司的首席执行官说：

> 任何与开发软件或硬件设施无关的东西，他一概不闻不问，或者他会说：“你直接告诉我你想要我做什么就好。”他每次都这么说，让我火冒三丈。我会说：“来吧，跟我说说！说说你的想法！”最后依旧一无所获。他只做自己的本职工作，对其他事情不闻不问。我无奈之下把他从高管会议中剔除，最后，尽管他非常擅长软件开发，但是我发现他并不是我想要的首席信息官。我需要的是对公司其他事情有深刻见地、积极参与的员工——而不是只关注自己分内之事的人。[4]

布罗克·利奇和艾伦形成鲜明对照，他一直在寻找机会拓宽自己的职业道路。布罗克现在是一神普救派的受命教长，在职业生涯早期曾先后担任菲多利北美分部的首席执行官和纯品康纳的首席执行官。布罗克在升职为菲多利首席执行官之前一直在拓宽自己的职业道路。刚开始，他在乐事薯片部门担任产品经理助理。之后他成为区域渠道营销主管，并从中学会如何在零售店开展由公司发起的营销活动，利用渠道营销技能向零售商争取更多货架空间。之后，他回到菲多利总部担任公司旗下薯片品牌（包括乐事和 Ruffles）的首席营销官。几年后，他又被派到分区，担任新英格兰区的副总裁和总经理。在那里，布罗克了解了公司方方面面的业务，从生产到配送，再到直销与分销。之后，他又回到总部担任市场营销部副主管。4 年后，布罗克被提拔为菲多利北美区的总裁兼首席执行官。他回顾自己升职的原因时提到，体验多种岗位能够为自己提供多种职业选择，避免成为“一招鲜”式的人，避免提前遭遇职业天花板。布罗克说：“我认为职业生涯并非线性的，因此我会抓住每次学习机会，利用那些别人认为无益于自己职业发展的机会，比如调到分区，远离总部权力中心。最终，我获得了独一无二的经历。”通过在区域销售部门、渠道营销部门以及生产部门的轮岗，布罗克对公司业务建立了全面深层的认识，这有助于他在之后担任市场营销部副主管乃至北美分部首席执行官时做出正确的商业判断。在菲多利的营销人员纠结到底要不要将更换工厂生产设备的资金用于生产零食多堤士时，他能够提出建设性意见；当竞争对手纳贝斯克宣布进入菲多利主导的领域——咸味小吃领域时，他也能够领导整个公司制订应对竞争计划。

布罗克是否担心自己会因为离开总部而发生职业脱轨——在区域岗位上“迷失自我”，又失去总部的支持者呢？布罗克说：“进行横向变动时，你的确需要支持者，有一两个支持者一直在帮助我。但是我觉得，如果你真的能够解决问题，人们迟早都会认可你，希望与你共事。对那些过于在意头衔和晋升的人，我会说‘有野心是好事，但是做成事情，做出成绩更加重要’。优秀的员工会经常问‘我还能为你做什么？我能为你分担什么？’。”

在重要商业领域缺乏关键技能

在关键商业领域缺乏技能［例如不了解软件产品背后的技术，不了解 B2B（企业对企业）服务公司的销售流程］会影响管理者的职业发展。不了解公司“关键路径”上的活动或功能的人尤其如此。在项目管理中，关键路径只指必须按时开始和结束，以确保项目如期完成的任务。但是，本书所说的“关键路径”范围更广，是指公司内部能够提高消费者体验，提升销量的关键功能与活动。因此，关键路径是企业价值链上最重要的一系列活动，如果好好执行，便能够提高消费者满意度，推动公司发展。[5] 例如，在沃尔玛，关键路径活动包括：采购产品（以较高价值比进行采购）、供应链物流（尽量以最低价格将产品送到顾客手中）以及店铺运营（店铺干净整洁，照明良好，产品容易找到，结账迅速）。在沃尔玛，处于上升期的管理者如果对这三方面了解较少（采购、经销 / 物流、店铺运营），他们在沃尔玛的职业发展便会受到影响。因此，前三任沃尔玛的首席执行官都来自物流部或采购部，而且曾在店铺运营等其他部门轮岗，以确保他们了解沃尔玛的创收部门。

我在沃尔玛在线购物平台担任市场营销部副主管时，我的老板、时任首席执行官在一次业绩评估中告诉我："如果你想要升职到首席执行官的位置，就必须丰富自己的技能，不能只了解市场营销，还要了解采购或店铺运营。"因此在那之后，我在采购部工作了几年。后来，我因此升职为主管，之后又成为首席执行官。"

那么，如何确定公司的关键路径？我们可以采用以下几种方式：

- 公司对成功的关键衡量标准是什么——每周财务快报列出的、首席执行官和高管团队会议中多次提到的是什么？哪些活动能够提高这些衡量标准？这些活动很有可能就是关键路径活动。
- 关注资金流动。哪个部门和团队能够获得充足的资金？公司对哪个部门的财力和人力投入最大？这些便属于关键路径活动。换个角度，经济不景气年份第三季度的公司裁员或任务削减中，哪些团队和活动首当其冲？这些便不属于关键路径活动。

- 哪个部门产生的高层领导最多？在艺电是游戏开发部门——游戏开发师和软件设计师。我在艺电时曾与传奇人物、公司创始人之一宾·戈登进行过一次谈话，那次谈话对我产生了至关重要的影响。那时，我已经在艺电工作一年左右，宾告诉我："如果你想要升职，最好能深入研究产品，了解游戏玩法，找出是什么造就了一个好的游戏产品或一个差的游戏产品。你应该去游戏开发公司轮岗。你有营销技巧却缺乏游戏方面的知识。"我不太愿意花费晚上的时间学习玩游戏或在游戏开发公司工作，因此不到一年便离职了。
- 在全员大会或关键业务会议上，哪个部门和活动的展示时间最长？以我的经历来说，在必胜客，是店铺运营部门；在菲多利，是区域销售部门；在凯洛格商学院，是终身教职人员团队。

不具备战略眼光

我屡次听到一位高管说："我非常喜欢拉里，但是我不确定他是否具备战略眼光。"我在30多岁时的一次业绩评估中也收到过类似的评价。老板说："卡特，你很擅长做事，但是管理层不确定你是否具备战略眼光。""管理层"是谁呢？"具备战略眼光"是指什么？老板可能也说不清楚。那么我们如何解决这种定义模糊的问题呢？后来我逐渐意识到，“管理层”说一个人“不具备战略眼光”时，通常是指以下三种情况：

- 忙不迭地执行任务，导致自己在一堆任务中迷失方向，却没有退后一步思考并理解工作的战略背景。在沃尔玛在线购物平台工作时，我会不断要求团队成员记住“前进后退，前进后退”——既关注具体细节，又考虑战略环境。
- 过于关注技术：一心思考“做什么”——一个产品或体系背后的技术水平，却忽视了“为什么”。
- 没有了解公司的价值链（企业增加消费者/顾客价值的流程或活动），没有对公司业务所在的宏观生态环境建立全面的认识，因而无法了解各个碎片化的业务如何整合在一起。这包括：全面了解所在行业（行业内的相关政治、经济、社会和技术趋势），了解竞争环境（确定哪一竞争对手发展迅速，并分析其原因，了解他们的弱势领域，确定公司可以发展的“空白领域”），以及买家和供应商的角色及能力。（我将在下一节“培养战略眼光”中详细讨论这一问题。）

讽刺的是，员工没有战略眼光的根源其实在于升职过快，公司是罪魁祸首却不自知。公司为了弥补不断扩大的人才空缺，很快便将关键任务委派给天赋异禀的管理者（却没有为他们提供横向调动的机会去了解业务，拓宽视野）。而且，如果这些管理者能够在短期内完成业绩，公司便会对他们在人际交往方面的缺点视而不见。[6]

我在百事集团工作时，曾见过许多“风光一时，转瞬即逝”的人才。天赋异禀的管理者通过层层提拔，很快便升职到副总裁或高级副总裁的位置，但最终因为狂妄自大或缺乏经验，无法管理更加庞杂多样的任务而遭遇职业困境。管理庞杂的工作需要全面了解多个部门的工作。

布罗克·利奇之前是一名首席执行官，之后成为政府部门的部长。他向我讲述了一位市场部兼销售部主管的经历，这位主管便是因为这一原因失败的：

> 这个人野心勃勃。他总是想方设法得到那些他认为对自己职业发展有很大帮助的岗位。但是，他从不埋头苦干，做出成绩——只顾自己的职业发展。最后，他升职到一个需要精通多方面经验以及整合性思维的岗位。但是，当多个关键人物的利益发生冲突时，他因为经验不足而不知如何选择最佳方案。之前，他从来没有管理过一个多元化的团队。不到一年，大家就发现他的工作能力堪忧。于是，他被公司降职。他真的过于关注升职问题了。[7]

ML Realty Partners 是一家位于美国中部地区的工业地产投资公司，在 2001 年由现任首席执行官迈克·吕希特创立。迈克是一位极具天赋的企业家（曾被提名 2014 年芝加哥企业家名人堂）。他表示职业脱轨最常见的诱因就是不擅长人际交往，具体来说就是缺乏自我意识。迈克说："你只相信自己的一己之见，便会忽视自己的盲点。在商业房地产领域一个不断出现的论断就是：擅长做生意的人通常不擅长领导团队。他们无法同时监督 30 个人的工作情况。"出现职业脱轨的另一大原因便是缺乏战略眼光：

我经常看到非常出色的交易人员升职为公司总部的首席运营官。他们擅长做一件事情（而且是非常擅长），但是他们不会着眼于全局。他们擅长招揽生意，但没有远见卓识，无法跳脱出当前的情况。你必须明白我所谓的"第四步棋子"。我会要求别人和我一同思考："为了保证长期的市场份额，你的第三步和第四步棋怎么走？或者为了赢得一场旷日持久的谈判，你计划怎么做？"你不能过快"将死"对方。关键步骤——逐渐积累的"经验"可能需要几个月甚至几年才能完成。你可能觉得冒进的人才能够得偿所愿，但大多时候事实刚好相反。心思缜密的人不会一心只顾达到指标，而是会未雨绸缪，建立良好的市场关系，他们往往是领先者。因此，我会要求人们思考他们的目标结果，然后向前进行四个步骤，再回顾自己是如何到达当前位置的。[8]

培养战略眼光

盖尔是一名优秀的财务总监，同时也是“一招鲜”式的人。像她这样的人应该如何提升自身能力，提高战略思维，成功升职为首席财务官呢？以下这10种方式能够帮助我们拓宽视野，提高战略思维。

进行价值链分析

为了拓宽团队成员的战略视野，我会要求他们在白板上列出公司价值链（我们提高消费者/客户价值的一系列活动）的主要方面，然后思考哪些是本公司独一无二且能够驱动公司成功的活动。在菲多利，价值链上的活动包括：

- 原材料采购
- 生产
- 供应链物流
- 市场营销
- 直销与分销
- 客户服务

之后，我会要求他们列出价值链的每个组成部分之下公司推出的最为重要的活动，即最能将我们与竞争对手区别开来的活动。我通常会在这部分为他们提供一些帮助。例如，在“市场营销”之下，他们可能会列出两部分内容：（1）举办品牌营销和渠道营销活动，提高产品铺货率以及上架产品转换率；（2）研发口感好、消费者喜爱的新产品，增加销量。

接下来，我会问：“在列出的所有活动中，哪些对于公司的业绩至关重要？哪些活动能够帮助公司在市场上获得成功？”菲多利的核心业务是销售和市场营销，因此答案可能是“研发美味新产品，提高公司销量”以及“通过渠道营销，提高产品铺货率”。

这种方式有助于让团队成员对公司业务建立全面的了解。并且，通过按照顺序思考为公司创造价值的关键活动，员工能够更加熟悉公司独特的活动，同时进一步了解自己的工作如何融入公司的关键工作流程。[9]

进行竞争市场分析

我经常鼓励团队成员进行“5C”（category, competition, customers, consumers, company）竞争市场分析，了解市场状况。前文提到的盖尔可以利用这一方法思考影响公司未来发展的外部因素。这个方法也适用于团队练习。我与团队成员进行市场分析时，会要求他们先写下 5 个标题：

- 行业（影响行业的各个因素，包括经济状况、技术创新等宏观因素，以及买家、供应商、战略合作伙伴等主要利益相关者的影响力的增减）
- 竞争对手（不仅包括业内竞争对手，还包括替代品行业的竞争对手——终端用户将用于购买本行业产品或服务的钱用于购买另一行业的东西）
- 客户（例如：公司贸易渠道上的顾客以及大客户）
- 消费者（终端用户）
- 公司（企业本身）

在每个板块之下，我们又会从政治、经济、社会、技术（PEST 模型）四个方面讨论对公司未来发展有益、有害或存在潜在威胁的因素。经过几次这样研讨会和练习，再加上之前的价值链练习，所有之前“不具备战略眼光”的员工都能够摆脱这个标签。

“由外向内”思考

有战略眼光的人通常会“由外向内”思考问题。面对一个问题时，例如某一产品产量下降，消费者需求却在增长，他们会先考虑外部因素，而不是产品相关问题。喜欢“由外向内”思考的人会优先考虑外部因素，例如：消费者购买行为变化，消费者当前购买路径以及消费体验，客户面临的问题，供应商的问题，为行业带来变化和不确定性的技术创新等。然后，他们会思考这些因素如何影响产品或服务的整体消费需求特征。之后，他们才会思考公司内部因素。“由外向内”的思维模式认为：以顾客为导向，了解顾客体验以及消费环境，并基于此理解如何创造顾客价值，企业才能获得成功。

进行商业战略策划时采用“由内向外”的思维模式会导致麻烦不断。我 20 世纪 90 年代中期在菲多利工作时便有过这样的体验。那时，公司计划拓展咸味零食以外的市场版图，打入零食糕点领域，并推出燕麦奶油派、瑞士卷、蜂蜜面包等产品。当时，我们认为可以利用公司销售人员强大的营销能力推动零食糕点产品在领域内的发展。菲多利的管理层认为现有品牌无法拓展到零食糕点领域（“多力多滋零食蛋糕”毫无吸引力），因此他们与面包界巨头莎莉公司创立了一家合资企业。菲多利与莎莉公司共同研发了一系列零食糕点产品，产品以“莎莉”命名，菲多利负责将产品分销到全美的便利店和加油站。菲多利当时的战略思考过程是：“莎莉”属于知名品牌，我们公司拥有全球一流的经销网络；公司的 13 000 名销售人员每周都会多次拜访这些便利店和加油站；只要销售人员推销这些零食糕点产品，销量便可以提升。

从菲多利的角度来看，这个想法似乎很棒，但是存在一个小问题。他们没有调查消费者是否对零食糕点类产品存在需求。零食公司 Hostess 早已推出夹心面包 Twinkies 等系列零食糕点。该公司一直在捍卫自己的市场份额，是这一领域的有力竞争对手。此外，小黛比的零食糕点已经受到广大消费者的喜爱。该公司的产品都是一次性包装，而且产品价格较低，仅为 25 美分，让消费者觉得物超所值。尽管如此，菲多利和莎莉公司还是在 1996 年共同成立了 Sara Lee Breakaways 公司，推出一个系列的零食糕点类产品，售价 89 美分。合资公司总部位于美国东南地区，推出的产品包括杯装蛋糕、丹麦面包、布朗尼蛋糕、玛芬蛋糕，甚至还有糖霜磅蛋糕和脱脂燕麦棒。之前参与此次产品推出的一位管理者在和我聊天时告诉我：

> 菲多利想要进军早餐市场，扩大公司收入来源。我们当时认为：公司拥有一流的经销网络，零食糕点又是一块很大的市场。我们应该进军这一市场，抢占行业巨头 Hostess 的部分市场份额。因此我们打造了自己的产品线——基本上都是模仿 Hostess 的。我们在营销和销售活动中，着重强调食品的新鲜度——凭借强大的区域销售团队，我们的产品比竞争对手的产品更快进入零售店，但是消费者对此并不在意。整个项目的最大问题在于：我们没有进行全面的市场分析，了解消费者需求并发现未被涉足的空白领域。我们只知道自己有强大的销售团队和经销能力，自以为凭借这些便可以进入市场。最后证明拥有这些还远远不够，这个项目很快就被叫停了。[10]

找到自己欠缺的技能，进行弥补

如果 Warm Hearth 的财务总监盖尔找我咨询，那么我建议她做的第一件事情就是：找到自己成为首席财务官所欠缺的技能。首席财务官的具体工作要求是什么，她目前的能力与工作要求的匹配度如何？她欠缺哪些技能？在盖尔的业绩评估中，老板罗恩提到她缺乏长期战略规划以及商业预测方面的经验。那么，盖尔可以通过参加哪些项目来弥补自己的短板呢？或许她可以主动要求加入跨部门团队，与多个业务部门合作，了解公司未来 5 年的规划。或许她可以报名参加有关商业模式发展和长期商业预测的继续教育课程。

刚进入营销行业时，我买了一个黑白封面的笔记本。我阅读了大量营销相关的名作，尤其是菲利普·科特勒的《营销管理》（*Marketing Management*），咨询过许多资深营销人员“卓越的营销者拥有哪些与众不同的技能”，最后我总结出 15~20 个我认为优秀的营销人员应该具备的技能，并将它们列在笔记本上。然后，我根据这个列表对自己当前的营销能力进行了评估。例如，在 30 岁时，我对自己的评分如下：

- 定价工具与分析：B+
- 市场划分、目标市场选择以及产品定位：B
- 项目 / 任务团队管理：A

- 广告公司管理：D
- 渠道营销与销售：F
- 新品研发市场调研：C

完成评估后，我会通过主动要求参加新项目，咨询某项技能十分突出的营销人员，阅读有关市场营销的书籍和贸易相关的文章，慢慢查缺补漏。我学到新东西后，就会将它们记在相应的列表项中。那个笔记本我一直保留至今，有时我还会把它拿出来向我在凯洛格商学院的学生（他们总是因为我的笔记本过于“老派”而打趣我）展示，让他们知道主动丰富自己的技能，弥补技能缺陷的重要性。[11]

寻找丰富技能和知识的机会

你可以参加或领导跨部门团队，主动参与和工作无关的项目，出席行业会议，报名参加发展研讨会和工作坊，通过这些方式提升自身能力，丰富经验知识。我们每天忙着完成目标，解决问题，因此很容易忽视这些非核心的活动。但是这些活动是开阔眼界的好机会。一些优秀的高管会提到一些常见的发展活动，如果某个工作小组涉及这些活动，那么请你一定要参加或在其中起领导作用。在第一次工作小组项目中，我作为市场部代表，参与了菲多利沙拉蘸酱新产品线的上市，那次经历让我大开眼界。在百事集团工作的 7 年间，我第一次亲眼见证碎片化的流程融为一体并互相影响的过程。从采购番茄和胡椒，到生产沙拉，到通过区域和当地物流中心的供应链将罐装沙拉分销至大卖场和便利店，再到协调销售活动与营销活动，最后到销售产品，这次经历让我受益匪浅。通过这次经历，我对菲多利的价值链以及“如何让产品上市”有了更深层次的理解。

精简工作，业务≠忙碌

寻找发展机会意味着你需要设法精简工作。你需要腾出时间去提高自己的战略眼光，因为这需要你参加一些非任务型的活动（例如：参加行业会议，拜访关键供应商），这帮助你开阔眼界，进一步了解行业生态。你需要做到以下几点：

- 确定自己的工作重心，尽量减少附加值较低或没有附加值的任务。
- 合理分配任务，避免成为微观管理者。
- 每周腾出时间至少参加一个能够发展战略思维的活动。

大量阅读

这个方法大家都心知肚明，但是我还是要再次强调，因为我遇到的每位成功人士几乎都会大量泛读，对内容进行总结，并将所学应用于工作。我通常会阅读：

- 主要报刊，例如：《华尔街日报》《纽约时报》（为了保证不偏不倚，这两个我都会仔细研读）
- 行业期刊（我是一名科技创业者和投资人，因此会阅读《连线》、TechCrunch 新闻网站、VentureBeat 新闻网站等）
- 博客（鉴于我当前从事的行业，我会浏览保罗·格雷厄姆、弗雷德·威尔逊、比尔·格里、布拉德·菲尔德等知名投资人的博客）
- 书籍（注释中附有一个网页链接，里面列出了一些商业领导者和重要人物的书单）[12]
- 推特（我建议你精心挑选一些推特账号关注——他们的推送能够帮助你了解最新新闻）
- 资讯网站（目前有：Feedly、Pulse、Google 新闻等）
- 趋势报告（例如：高德纳咨询公司的趋势报告、智威汤逊广告公司的“全球 100 大趋势”报告、科技行业分析师玛莉·米克尔的年度互联网趋势报告）

走出办公室进行实地考察

拓宽视野的最佳方式之一便是走出办公室进行实地调研，考察市场情况，了解竞争对手，与供应商和买家聊天，采访客户与消费者。许多创意想法都来自实地调研，来自销售团队和前线工作人员。他们离客户最近，能够最先看到市场趋势。

了解公司业务的最佳方式便是与客户服务团队聊天：询问他们屡次出现的客户问题，总部及管理团队可以为他们提供帮助的三种方式，以及他们经过与客户打交道后对公司业务的新想法。

我升职为沃尔玛在线购物平台的首席执行官后，向一位我钦佩已久而且经验丰富的沃尔玛高管进行咨询。我希望他能够给予我一些建议。他告诉我要保证自己“不要每天都坐在办公室里，永无止境地开会”，一定要腾出时间到分区进行调查，了解最新情况。他告诉我要掌控自己的工作节奏，不要被他人左右；要与供应商和客户进行沟通，与店铺运营部门的人一起巡店，评估竞争对手的情况，借鉴其长处。他说：“我们很容易与市场的最新趋势脱节，尤其是在总部就任一个耗费人力的职位时。”

咨询外部顾问和行业专家

一定有许多外部专家为你所在的行业提供咨询服务，例如一些专业咨询公司、综合管理咨询公司（例如：德勤提供金融服务咨询，法维翰提供诉讼和降低风险咨询，麦肯锡提供整体商业战略咨询）以及其他第三方机构。你可以找一家值得信赖、专门研究你所在行业的咨询公司，向他们咨询行业的消费者状况和科技发展趋势，以及他们发现问题、展示问题的过程。他们展示的思维模式和结构是什么？我 30 岁左右时，老板在业绩评估中认为我“不具备战略眼光”。当时，我在波士顿咨询公司找到一位咨询师，她一直为菲多利提供咨询服务。我请她吃了一顿午饭，并且咨询她们公司如何看待零食行业的新品研发机会。她帮我介绍了波士顿咨询公司的其他咨询师，我也向他们进行了咨询。我发现，与他们交流让我受益良多，能够帮助我发现新品研发的战略机会。

尝试新事物；成为新技术的早期用户

请寻找并学习与工作相关的最新软件工具或新技能。仔细研究新工具，然后下载并反复操作，跳出自己的舒适区！科技行业日新月异，我曾经咨询推特的前任首席执行官迪克·科斯托洛如何实时了解行业的最新情况。他不仅求知若渴，而且喜欢尝试新事物。他说：“新技术一出现我就会去尝试。我会尝试所有东西，并且去了解为什么这个服务或产品会风靡市场，另一个服务或产品却没有。通过比较这两者，我能学到什么？不论是虚拟现实还是新媒体，我都有亲自体验。”[13] 如果你认为自己是个技术小白，可以找信息技术部门的同事，询问一些关于他们正在测评或研发的新型软件工具和技术的问题，让他们带你体验其中几个在未来会非常重要的软件。我发现信息技术部门的同事非常乐意聊关于技术的话题。迄今为止，我已经和信息技术部门的同事聊过 55 次关于新技术的问题了。

我认为，如果盖尔能够通过这些方式拓宽自己的视野，她一定能够得到首席财务官的位置。针对盖尔的情况，我目前最担忧的是：她是会成功晋升为 Warm Hearth 的首席财务官，还是会受到老板罗恩的阻挠？罗恩可能觉得盖尔对他造成了威胁，也有可能罗恩认为盖尔已经充分发挥了潜力，不愿意帮助她进一步提升能力。如果真是如此，那么盖尔只有跳槽到其他公司，才能实现成为首席财务官的目标了。

第5章

苦行僧：一味承诺却不付诸行动

比尔·史密斯天资聪慧、见解独到，新奇想法不断。但是对他来说，将才智付诸实践就像系风捕景一样不切实际，在同级、上级和下属的眼里，他是一个“苦行僧”式的人物。想必我们都曾和这样的人共事过。

比尔像往常一样，火急火燎地赶上 Speed Rez 公司的跨部门小组会议。他一边道歉，一边抱怨交通问题（“28 号高速公路就不能少些弯弯绕绕吗?！我要疯了！”），额头上汗如雨下。Speed Rez 是一家用户服务软件公司。产品经理莎莉·琼斯想要就整改一款老式软件通收集意见，因此搭建了这个任务小组。比尔脱掉外套坐下时，大家都在翻白眼。莎莉为了让比尔跟上进度，又复述了一遍之前的会议内容。然后，她要求比尔汇报他负责部分的最新进展。比尔开始在电脑包里翻找文件夹，在座的员工等得都不耐烦了。紧接着，几张字迹潦草的便利贴从包里掉出来，散落一地。水果和坚果棒也扑通掉到地上。比尔拿出一个文件夹打开看了一眼，惊叫道：“啊！终于找到了！”但是，文件夹里是上个月的电费账单。比尔又翻找了一会儿，最终还是放弃了。他长叹一口气，承认自己不小心把文件夹和完成一半的报告落在了家里，并向大家道歉。莎莉要求他进行口头报告，比尔却说："大家，这周我忙得焦头烂额。我的工作重心——也就是我的主要工作职责要求我不得不减少花在这个项目上的精力。但是，我在调查竞争对手的最佳实践时，确实有一些发现。我觉得很不错。"莎莉要求比尔进行具体解释，比尔围绕竞争对手的弱势领域提供了一些真知灼见，并且提到这些可以用于优化他们的老式软件通。问题在于，团队成员的时间本就十分宝贵，他的即兴演讲占据了大家15分钟的时间，本来时间就已经超过预定计划，现在他们还要仔细讨论他的想法，并且思考如何将其应用于本公司，优化他们现有软件产品的性能。

"苦行僧"会因为以下原因陷入困境，走向职业脱轨：

- 缺乏组织策划能力和任务管理能力。
- 无法确定工作重心，无法集中注意力于能够提高企业价值的活动。
- 总想讨好别人，不会拒绝他人的要求。
- 低估完成任务或项目需要耗费的时间和精力。

苦行僧随处可见，他们会让公司不得安宁。事实上，你很有可能正在和这样的人共事。他是不是一直在挑战你的耐心？你能够在一堆同等重要的事情中设法完成团队任务，为什么他不能？比尔，不要总是找借口，脚踏实地做事情！

简而言之，苦行僧总是言而无信。因此，他们最终会失去公信力，同事也会渐渐疏远他们，不愿与他们共事。

摩根大通董事长兼首席执行官杰米·戴蒙在 2015 年的科技大会上向一群创业者谈及领导力时曾说："你只有说到做到，言行一致，才能为企业奠定基调。"[1] 如果你做出承诺，就要说到做到。

自食其言：苦行僧需思考的问题

苦行僧通常天赋异禀、思维活跃，但他们总是言而无信。如果你想知道自己是否具备苦行僧的特质，可以思考以下几个问题：

- 你的同事、老板、客户是否屡次在反馈中提到你无法及时履行承诺？
- 你认为自己的项目管理能力如何？你能否使用高效的方法策划、组织和管理工作？
- 你是否建立了一套高效的管理电子邮件的方法？你通常是一

次性看完邮件还是不停翻看邮件？

- 你对自己工作时间的掌控程度如何？你是每天有开不完的会议，还是能够自主规划时间？你每天是否有空闲时间完成自己的工作？
- 你委派工作任务的能力如何？
- 你能否自如地拒绝同事的要求？
- 在面对新想法或新项目时，你是否会刚开始非常激动、立刻规划行动方案，但之后又觉得自己当时考虑不周？
- 你是否清楚知道自己的季度或年度的阶段目标和战略目标？你是否清楚自己每日和每周必须完成的三件事？

人力资源副主管吉恩向我讲述了一个名为阿帕纳的市场部主管的故事。阿帕纳在一家生产销售矫形康复器材的医药设备公司工作，她像比尔一样，也是一个“苦行僧”式的人，不过她的行为表现与比尔全然不同。[2] 阿帕纳平易近人，对人际关系问题敏感。她想法源源不断，而且“乐于助人，积极向上”。但是她不知道如何调和源源不断的想法——比如，最近她提出为病人创造一个社交网络平台，供病人之间相互沟通，缓解他们将要接受全膝关节置换手术的焦虑心情。在她的 360 度绩效评估报告中，团队成员和同事对她的评价包括“她给员工造成很大的压力”以及“当我们向她报告项目的最新进展时，她的回应总是‘如果我们……的话会不会很棒'”。阿帕纳的团队成员一直都搞不清楚，她到底是在提出一个新想法，要求团队成员就此进行思考，还是要求他们改变工作重心。我问吉恩他是如何帮助阿帕纳解决问题的，他说：

> 刚开始，我先寻找激励她的因素（我发现是：与他人建立良好的人际关系），然后我告诉她，她现在的领导风格对别人造成了伤害——尽管她是出于好意，但是团队成员确实因为她缺乏重点而受到影响。她总是改变工作重心，让团队成员不胜其烦，这也影响了她作为管理者和部门领导者的公信力。当她发现自己的管理风格影响到人际关系时，她开始做出改变，因为建立良好的人际关系是她的驱动力之一。我通过以下两种方式帮助她解决问题：为团队建立清晰明确的工作重心，并且获得成员的一致同意；提高她的个人效率——规划日程，提高会议效率等。她是一个极具创造力、反复无常、喜欢即兴的人，因此这对她来说非常困难。我们讨论了很多与“现在”相关的事情。例如：与当下相关的事是什么？我们现在需要完成哪些任务？

她的问题是否得到改善？吉恩说：“确实有所改善。改善问题的唯一方式就是是否积极主动，阿帕纳愿意主动解决问题，因为她关心团队，想要成为优秀的管理者和领导者。所以，她认真对待自己的问题，最后成功成为更加高效的管理者。”

苦行僧问题何在

苦行僧难以兑现承诺，遭遇职业困境的原因有以下5个：组织策划能力差；难以确定工作重心，难以集中精力；不了解工作流程（总是低估完成工作的时间）；一味迎合他人（不会拒绝，导致工作负担过重）；自我优越感高（总是有一些“很大的想法”，却不愿意完成自己负责的基础性工作）。

组织策划能力差

无法落实工作的人通常缺乏组织能力，不注重细节，从而导致他们总是无法兑现承诺。[3]孩之宝公司的电子游戏部门兼公司发展部门的高级副主管马克·布莱谢向我讲述了他上一个公司的同事汤姆的故事。汤姆非常聪明，但是他只想做“好玩有趣、有创造性的事”，不愿意做平凡枯燥的小事，例如会议记录、参加商品交易会后总结分享自己的观察所得等。汤姆不喜欢记录，所以他落实工作的能力较差。他不仅缺乏自制力，而且还认为有些工作任务是在耽误他的时间。布莱谢说：

我不知道如何帮助他了解记录的重要性：不论是记录自己的想法和观察，还是记录后续任务，或是其他任何事情。开会时，他一动不动地坐着，“行政”工作都由别人来做。他认为做会议笔记有失身份。我在季度业绩报告中批评了他，他却不以为意。我在年度业绩报告中再次批评了他，他直接辞职了。之后，他在短短几年之内又换了三家公司，却依然不明白自身问题何在。领导者的工作不仅限于确立方向，做出困难的决策，还需要为下属树立榜样。优秀的领导者不会认为做会议笔记有失身份。如果公司需要他们挖洞，他们也会毫不犹豫地拿起铲子开始干活。[4]

难以确定工作重心、难以集中精力

高效的管理者能够区分重要的工作与消磨时间的工作，并按照工作重要性安排自己的时间。他们会使用各种工具、利用探索法，确定工作重心，然后规划和执行工作。[5]他们能够集中注意力完成有助于提高自己关键业绩指标的工作。他们能够集中精力。低效管理者的一大问题是所谓的“回应式工作”。他们就像“巴甫洛夫的狗”①一样，每次收到信息或邮件都要回复，导致自己屡次被打断，从而拖慢了重要项目的工作进程。最近，一个非常优秀

---

① 巴甫洛夫的狗，用来形容一个人反应不经大脑思考。——编者注

的企业家向我咨询如何提高工作效率。我观察了他在几次会议上的表现后，让他估计一下自己每小时查看手机的次数。他说他不知道。我告诉他在上一次会议上（尽管那次议题对他非常重要），他查看手机的次数都不下10次。他尴尬地笑了笑。然后，我问他在进行重要工作时（例如，撰写最新业绩报告供董事会查看，检查重要项目的进度报告），手机会放在哪里。他说："就在我旁边，我需要时可以随手拿到的地方。"我问他是否在竞拍新房等待卖家回复。他说："没有。"我问他最近在招揽新生意时是否在等待潜在客户的回复。他说："最近没有。"我又问他："那么，在进行重要工作时，关掉手机铃声，并且把手机放在房间的另一边充电，会发生什么事情呢？会引起罗马大火吗？"他笑了笑说道："我明白了。"

不了解工作流程

执行力较差的管理者往往不了解业务部门或公司内部的工作流程。他们对行动步骤，部门内部与部门之间的依赖性，股东的批准之于完成一个项目的重要意义知之甚少。他们总是认为自己能够在不切实际的时间段内完成活动或项目。一家教育出版社的新品开发副主管克拉丽斯·施赖弗表示：

不了解公司内部的工作流程（例如推行项目的负责人和

推行时间）便很容易遭遇职业困境。我们公司的市场部主管便是如此。她具备优秀的营销技能，却不了解公司内部的做事流程。因此，我们新品开发部不得不参与她负责的每个项目，核实信息，提供设计指导，编辑副本，进行审校，帮助她解决问题。如果她能花点时间了解工作流程，能够遵循用于制衡的流程管理体系，我们就不需要每次都插手帮她。上周，她错过了一个任务的最后期限，引发了一次大事件，不过这个事情很快便会得到解决。我觉得她不会在公司久留。[6]

一味迎合他人

无法兑现承诺的人通常喜欢迎合他人。他们不希望老板或同事对自己失望，因此不会拒绝别人的请求，最终导致承诺太多却无法兑现。这类人总是承诺过多。为了获得他人的尊重、上级和同事的认可，或者为了实现自己一时脑热冒出的想法，他们规划的项目时间线往往不切实际（认为每个部分和细节都能按计划如期进行，这简直是天方夜谭）。因此，他们往往会高估项目结果（“这可以将我们的销量提高至少 50%！”）。

我总是喜欢迎合他人，因此吃了许多苦头。我需要不断提醒自己；此外，当迎合他人会影响到我履行核心职责时，我会努力克服这一缺点。不过也有失败的案例。我现在就非常恼火这给自己带来了巨大压力：应商学院高层行政人员的要求，我开设了一个新的创业班并负责授课。现在，我除了创作这本书，还在凯洛格商学院给另外一个班级授课，同时我还是一名投资人。因为开设新班的工作，在过去 6 个月里我心力交瘁。我当初应该直接拒绝并且坚决果断地说："我很乐意开设这个班级，但是时间可能需要推迟到明年 6 月，因为那时我才能完成现在手头这几个重要的项目。"

自我优越感高

自我优越感较高的人通常好奇心强，擅长抽象思维，而且精神饱满，满脑子都是创意。但是，优点如果被滥用，便会成为缺点。他们会陶醉在伟大的概念性想法中，不愿意做自己负责的基础任务和项目。他们对自己的想法充满热情，因此他们很擅长把自己的想法推销给同事。所以，他们就像龙卷风一样，把别人吸引到风暴中心。最后，整个团队都会偏离正轨。

我和鲍勃共事时，亲眼见证了这类人是如何做事的。鲍勃非常具有创造力，喜欢提出新想法。高管质疑一个新想法的可行性时，他会在一旁倾听，并说："这个想法很有趣，我调查一下再给你反馈"或者"这听起来很有趣，但是想要做成这件事情我们必须从 x 项目中调动资源"。但是，如果他的想法受到质疑，他会说："我认为我们能够做到！"但是，鲍勃总是喜欢逞一时之快，不考虑从团队核心业务调动资源的机会成本。他对结果的预估也非常不切实际——他总是承诺过多却无法兑现。长此以往，我们一位高管甚至为他创造了一个新词，叫“鲍勃稀释指数”，用于降低鲍勃给出的业绩预测。尽管刚开始这只是出于玩笑，但是渐渐地，鲍勃成为大家眼中不靠谱的“疯狂专家”，他的判断总有问题，名声也因此受损。我看到他的团队成员相继离职。最后，我看到公告说鲍勃离开公司去“寻找其他工作机会”了，这完全在我的意料之中。

约翰今年 31 岁，是一名数据分析师，本科念的是金融专业。最近我和他进行了一次谈话。约翰过去 9 年都在科技行业工作，主要是在金融服务科技公司。尽管约翰非常聪明，但在过去 5 年里，他相继被两家公司解雇。我们聊天时，他明确说出了其中的原因。他说：“我做事速度一直很快——我能够快速处理资料，因此在大学期间不仅成绩优秀，还承担了大量的班级工作。但是，我觉得日常的重复性工作枯燥无聊，更喜欢同时处理多种多样的工作。这种工作方式的缺点在于不够专注，常常忽略细节，尤其是在工作进展顺利时。我不会再三检查工作，变得骄傲自满，导致犯下许多愚蠢的错误。”我问他被解雇的原因时，他说：

你是指哪一次？第一次是我在一家通过软件提供金融服务的科技公司工作，主要工作内容是数据分析和撰写报告，我自以为我工作做得不错。我能够快速浏览资料，撰写大量报告，但是在将报告发给业务团队之前很少进行检测和质量检查（业务团队需要通过报告了解公司业绩并且做出决策，例如各种服务的收费）。我被解雇的原因是，我以为有个团队完成了商业计划目标，将此写入报告中。但实际上他们并没有完成计划，是我的计算错误。最后，我们公司因此未能实现总体商业计划目标，我因为一时疏忽而酿成大祸，直接被开除了。

我问约翰，他的老板是否是促使他职业脱轨的一个因素。约翰说："我的老板很好。他警告过我，要求我减缓工作速度，减少量产，提高对每份报告的专注度，再三检查计算结果。但是我对此充耳不闻，或许是因为能够完成大量工作让我十分骄傲。最后我被解雇了。"我有些尴尬，继续问约翰第二次被解雇的原因。约翰说："第二次我在一家信用卡公司工作，再一次因为粗心大意犯了错。当时是处理税务的高峰期，我想要一次性做很多工作。由于注意力不集中，我错将一个客户的数据发给了另一个客户，导致数据泄露，我也因此失去工作。"我问约翰他现在是否有工作，他说：

有，我在一家电商公司做数据分析师。鉴于我的"前科"，我觉得能够得到这份工作非常幸运。老板在面试环节和背景调查时就已经了解了我的经历。不过，因为我擅长财务分析，她仍然聘用了我。现在我已经明白，10 份报告中，就算前 9 份报告做得又快又好，只要第 10 份报告存在大错，那么便会功亏一篑。我每天都在防止自己重蹈覆辙。我会提醒自己失去工作时的痛苦和羞愧。而且，现在我已经结婚，有三个孩子，我需要养家糊口。这也让我减慢工作速度，不再同时做太多事情，认真检查工作。现在我会非常认真地检查每项工作。[7]

如何做到言出必行

苦行僧多数都极具天赋和创造力，他们可以通过以下 6 种方式克服自己的问题并兑现给出的承诺：明确工作职责；了解公司的工作流程；精心规划工作，明确重心；学会拒绝无关紧要的工作要求；提高赋权能力。

明确工作职责

请与老板一起确立自己的战略目标、阶段目标以及业绩评估标准。由于业务重心总是不断变化的，我通常会每 6 个月确定一次工作职责。你需要明确以下两个评估标准：一个是对整体工作的评估标准（季度或年度的业绩评估标准）；一个是对关键项目和任务的评估标准——包括预计完成时间和最终结果。

采访职业脱轨的管理者时，令我震惊的是，不了解自己的业绩衡量标准，不知道成为卓越员工需要完成的关键项目的大有人在。如果你不清楚衡量业绩的目标，便无法做好工作。

了解公司的工作流程

每个公司里，各项工作从始至终都有特定的流程步骤，不论是形式上的还是非形式上的。总是自食其言的苦行僧往往不了解工作流程步骤——例如：每个步骤的合理顺序、耗时以及参与人员。他们常常会因为不知道应该提出哪些问题而错过截止日期或者铸成大错。

你需要在公司里寻找项目管理能力较强的同事，咨询他们推进项目的复杂流程，尤其要关注控制资源流动的关键人物以及阻碍项目完成的常见问题。公司组织结构包括形式上的和非形式上的（工作完成的地点和方式）。公司的权威人物大多深藏不露，并且对公司了如指掌。你需要了解这些人物是谁，如何在解决问题时获得他们的帮助。

我在菲多利工作时，市场部有一个叫戴夫·菲利普斯的人，我甚至都不知道他的头衔——或许是“项目管理主管”之类的。他并不是部门主管级别的人物，却有很大的权力，并且对公司的内部工作了如指掌。他不仅能够给项目亮绿灯，帮助你获得资源（不论是人力还是财力）和预算审批，还能够将你引荐给其他部门的人，加速项目进程。花时间向戴夫·菲利普斯介绍你的项目并获得他的支持就像获得了威利·旺卡[①]的金奖券一样。我在刚刚接手公司的蘸酱业务（那时我并不知道自己到底要做什么），查看内部数据与分销数据时，发现我们的新品芝士蘸酱（想要与卡夫食品的 Cheez Whiz 竞争）许多都已经不新鲜了。产品已经过了“最佳食用”日期，并从超市下架。我和戴夫关系不错。他非常友善，有一天来到我的办公室说：“我给你看个东西。”他给我看了一个内部报告（我都不知道这份报告的存在），报告中提到，全美的区域和地方物流中心滞留了大量新品芝士蘸酱。他说：“问题可能不在超市，而在于我们公司的供应链。”他看我一脸迷茫，又继续说道：“先坐下吧。我们打电话给区域的供应链主管问问他们的看法。”我们打了好几个电话，后来发现由于销售部门订购了大量的新品，导致产品全部囤积在物流中心。芝士蘸酱到达食品杂货店和超市时，只剩下非常短的货架期。难怪产品会在上架期间过了最佳食用日期。在这种情况下，关键的一步是意识到与菲多利供应链管理者（负责管理区域销售订单、分销产品）建立合作关系的重要意义，同时还要对比区域物流中心订单数量和我们对区域的销售预估数量，确保两者近似。当时，这两者显然相差甚远。

① 威利·旺卡，电影《查理和巧克力工厂》中的主角。——编者注

精心规划工作，明确重心

在投入并执行一项工作之前，你需要首先精心规划工作，明确工作重心。人们常说："规划工作，再执行规划。"本章开头提到的比尔·史密斯缺乏组织规划能力，针对这类苦行僧，我提出了以下4种方法：

第一，请阅读戴维·艾伦的《搞定1：无压工作的艺术》（*Getting Things Done*）和《搞定3：平衡工作与生活的艺术》（*Making It All Work*）。[8]这两本书籍提供了非常有用的框架，帮助读者掌握工作流程。

第二，请把整天的时间分割成块，将效率最高的时段用于进行费脑的工作，效率较低的时段用于分批发送或回复邮件。切忌收到信息或邮件就立刻回复，这会让你进入"回复模式"，导致主次颠倒。我的每日计划如下：

- 6:00~8:00：进行"思考性工作"，例如阅读、写作、解决棘手的问题。
- 8:00~9:00：检查邮箱，阅读并回复邮件。
- 9:00~12:00：与人交流、开会。
- 12:00~13:30：与客户、供应商等重要人物或同事共进午餐。
- 13:00~14:00：再次检查邮箱并回复紧急邮件。
- 14:00~16:00：与人交流、开会。

• 16:00~17:00：回复紧急事宜，规划第二天的工作。

尽管我知道并非每天或每周都能按计划进行，但是这仍不失为一个好方法，能够帮助你尝试规划和管理时间，而不是被时间左右。我发现，通常情况下，人们对时间的掌控程度要高于他们的预期。

第三，定期检查自己手头上的工作并进行精简。不妨思考："在这些工作中，哪些能够真正促成变化？哪些耗时最多但价值不大？"我会使用 A—B—C 分类法将所有工作分为 3 类：

A 类：时效性强、必须要做的重要工作。

B 类：能够提升能力的工作，例如：进行实地考察能够提升个人和团队的业绩。

C 类：日常耗时的工作——比较紧急而且迟早要做的事情，例如填写报告，回复邮件。

第四，使用简单的规划工具软件提高工作效率，例如：甘特图等项目规划模版，或 Base camp 或 Asana 等项目规划软件，或印象笔记、微软 OneNote 等交流管理工具。你需要花时间去探索这些能够为你减轻工作负担的工具软件。如果软件语言是外语，你感到一头雾水，不妨寻求项目管理者的帮助或者使用谷歌"个人效率工具”寻找解决方案。

学会拒绝无关紧要的工作要求

如果你发现自己很难同时兼顾多个任务，感觉自己正在成为“苦行僧”，那可能是因为你不会拒绝别人的请求。我就是如此。我需要不断提醒自己：拒绝别人的同时，我在接受另一件对我来说非常重要的事情，比如负责一个关键项目，腾出时间观看女儿的足球比赛，去健身房运动。

另外，请学会把他人的请求转换成仅需5分钟的帮忙。[9]例如：虽然你无法做会议的发言人，但是你可以花几分钟的时间推荐几个对这个话题了解颇深的人。千万不要一时兴起做出不成熟的承诺。我也经常会犯这样的错误，因此需要不断提醒自己：在投入自己感兴趣的事情之前先停下来，给自己时间反复思考。通过这种方式，我的问题得到改善。

最近，我和一位企业家共进早餐，他的公司刚刚被另一家企业收购。他并未从中获利——这属于一次“人才收购”，另一家企业看上了他们公司员工的高超技能和丰富经验，而不是公司的产品或服务。我问他，他从建立公司、运营公司的过程中学到了什么，他说：“我事后才意识到，我总是在回应永无止境的要求——出席小组会议，培训学生和其他企业家，向非核心人物分享公司的故事等。我花了太多的时间在这种事情上，导致花在公司运营细节上的时间过少。”你学会说“不”的原因是：这是你的生活，不是对你提出要求的人的生活。只有你自己有权利掌控自己的时间分配。

提高赋权能力

适当赋权不仅可以帮助管理者腾出更多的时间用于处理关键工作，还可以激励员工，帮助他们发展自身技能。赋权也可以减少阻碍公司发展的问题，帮助负担过重的管理者减轻压力。

*

业绩卓越的员工擅长管理自己最珍贵的资源——时间，并且会不断确定对工作和公司的成功来说最为重要的活动，并将其设为工作重心。通过这种方式，他们能够集中注意力在重要的活动上。本章开头提到的“苦行僧”比尔·史密斯觉得自己无法集中注意力，被面前的大堆任务压得喘不过气，其实他应该扪心自问：“在这些活动中，哪些对我实现自己的阶段目标和战略目标最为重要？哪些能够提高顾客体验和忠诚度？”他应该把时间花在这些事情上。

苦行僧、神奇队长、单飞者、版本 1.0 的人和“一招鲜”式的人的共通之处在于：他们都需要反省自身，更好地了解阻碍自己职业发展的弱势领域。

在我调查的 100 多位经历职业脱轨的管理者中，成功克服职业脱轨的人采取的方式是：首先，寻求情感支持，寻求对象包括家人、朋友、职业生涯教练和咨询师。在这些人的帮助下，他们能够了解自己的脱轨问题，并将其作为一次可供学习的经验教训，帮助他们在日后提高自己的业绩。其次，他们具有主动性，会为自己的行为负责，并主动改正错误。他们会直面自己的问题，确定自己的弱势领域，参加各种培训，解决行为问题，弥补技能缺失。有时，他们还会更换职业，投入自己更加感兴趣和有热情的工作中。[10]

最后，重回正轨的人会为自己的职业脱轨负责。他们会对自己被解雇或降职前的角色进行反思。之后，他们会仔细思考自己应该如何避免重蹈覆辙。在我采访的人中，有一位重回正轨、之后得到晋升的管理者便充分展现了负责任的特质（重归正轨的人的共有特质），他说："被解雇后，我才意识到 90% 的事情都是自己的选择和行为导致的。必须明白这一点。"另一位告诉我："我充分利用了被解雇的机会，进一步了解自己，并重新规划了职业路线。"还有一位告诉我："经历职业脱轨反而让我更加强大了。这段经历让我更加了解自己。"[11]

对职业重回正轨的人来说，从职业脱轨中学到的最重要的一课就是——自我反省、自我了解，这是他们重回正轨的关键因素。

第二部分
加速职业发展

»»

THE RIGHT—AND WRONG—STUFF:
How Brilliant Careers Are
Made and Unmade

第 6 章

职场中的正确条件

为什么有的人职业生涯停滞不前，有的人职业前景一片光明？这是我在本书序言部分提出的一个问题。是因为聪明才智吗？与生俱来的智商会让那些具备“正确条件”的人脱颖而出吗？有趣的是，事实并非如此。智商确实会对一个人能否升到领导层造成影响，尤其会影响一个人处理大量信息，预测未来结果，做出合理决策的能力。但是，智商并非如你所想，是成功的决定性因素。大量研究表明，职业成功仅有 1/4 是由智商决定的。换句话说，3/4 的业绩表现由智商以外的其他因素决定。[1]

那么，除了智商，哪些因素比较重要呢？我们能否通过提升自己的某些能力和行为加速职业成功？简单来说是可以的，这也是本书第二部分将要讨论的重点。

何为职场“正确条件”

丹 · 马里奥特本是一位中等收入的公司职员，他脚踏实地，一步步提升自己，如今成立了一家私募股权投资公司，公司发展如日中天。他便是具备“正确条件”的典范。

丹在美国伊利诺伊州中部的一个养猪场长大，在伊利诺伊大学获得了农业经济和金融学士学位，之后又获得了管理硕士学位。后来，他加入菲多利的采购部，负责谷物、小麦、大豆等原材料的采购。在采购部门工作几年后，他发现采购部属于辅助性部门，市场部和销售部才属于“关键路径”部门，它们能够真正推动菲多利的发展。因此，他一直想要转到市场部。25 岁时，他终于成功转到市场部。那时，丹代表采购部加入一个产品发布小组，市场部负责这个项目的经理突然离职，当时没有一个高管接手这个任务，因此丹自告奋勇并开始全权负责新蘸酱产品的上市工作。丹及时填补了领导力真空，开始领导团队。几个月来，他一直跟进整个项目，直到新的产品营销经理上任。那个人就是我。

我对行业已经了如指掌，因此在接手工作的第一个月与许多相关人员会面，想要确定新岗位的业务重心。在这期间，我仍然让丹留在我们部门确保工作的连续性，并在一旁观察他的行为。他非常年轻，但在领导团队时游刃有余。他有丰富的运营知识，了解公司的供应链，知道如何将蘸酱产品通过分销体系销往零售店，而且，他组织能力很强，工作会议效率也极高。此外，我发现他非常尊重经验丰富的老员工。所以我上任之后做的第一个决定就是把他纳入市场部。

在之后的几年里，丹凭借自己对菲多利生产流程和供应链流程的了解，不断探索学习的精神以及极高的职业道德，在品牌管理部门一步步升职。他进一步提高了自己的营销能力，在5年内得到三次升职。最后，丹由于对发展迅速的互联网行业非常感兴趣，选择离开菲多利。他努力学习互联网软件开发以及新型数字媒体下用户体验的各个基本面（避免成为1.0版本的人），进而成为互联网媒体公司IAC集团旗下一家媒体互联网公司——在线城市导游软件“城市搜索”的首席营销官，之后又升职为总裁。

在IAC工作期间，丹曾任职于财务部、商业战略部以及商务拓展部，进一步丰富了自己的能力。他通过横向调动进入战略规划部门，最后成为公司战略和商业发展部门的副主管，直接与IAC的创办者、亿万富翁巴瑞·迪勒共事。在财务部、商业战略部、商务拓展部等部门的轮岗为丹的下一个目标奠定了基础：成为创业家，创立一家私募股权公司。

在2008年，丹与合伙人共同创立了Stripes Group，这是一家成长型股票公司，丹目前担任公司的总经理一职。该公司投资了许多成功的初创企业，包括：户外品牌SmartWool、众筹平台GoFundMe、半成品净菜电商蓝围裙。我问丹，从一名拿着中等薪水的小职员到现在事业如此成功，他有何感想。他认为保持好奇心，掌控自己的职业发展道路至关重要。他说：

我离开农场进入大学后，很快意识到以下三点。第一，我一无所知，不论是对人还是对事。我二十几岁时才第一次吃到寿司。我无法理解同龄人的笑话，需要努力理解他们的笑点。第二，我觉得自己足够聪明，一定能够成功。第三，我发现自己可以控制一件事情——它在我的基因里，那就是职业道德。如果我努力寻找机会贡献自己的价值，比其他人更加努力工作，真诚待人，在大多数情况下能够获得成功——当然不是所有情况。而且，我发现同事并没有同样高的工作投入度——这也对我起到激励作用。我的同事只做本职工作，对本职工作以外的事情毫不关心。这成了我的小秘密。我知道在本职工作以外自己还可以贡献价值的领域。当然，我需要比别人加班到更晚——不过这没关系。我的动力很简单，我别无选择——没有退路。我喜欢农场的生活，喜欢它带给我的一切，但是那里不是我的归属。农场的生活非常艰难，受经济下行影响很大。我离开农场后，每一步职业发展都是基于一个简单的方法——找到我可以贡献价值的领域，确保我与聪明有趣、待人真诚、做事方法正确的人交往。另外，我每天都会拿着一杯热咖啡提早到公司，努力成为工作最努力的人。同时，我感激每一次机会。有些人对我的成功至关重要，但我对他们的成功贡献寥寥，对他们我始终心存感激。[2]

丹在谈及主动性以及“寻找机会贡献自己的价值”时强调了保持学习心态的重要意义，这也是贯穿本书的一大主题。尽管我和丹是20年前的同事，但他的一个特质至今仍然让我记忆犹新，那就是保持一颗强烈的好奇心。丹经常提出很棒的问题，并且提问的次数比我共事过的其他人都多。在会议上，他不会只谈他的想法，而是会询问他人的想法。他说：

> 我努力保持对一切人和事的求知欲。我会见许多从事有趣工作、观点不同的人，提问、聆听，再将其内化为自己的知识。我会阅读手头所有的材料。谁知道呢？说不定在长途飞机上（不睡觉）阅读的一份研究报告的后两页会对我之前的某个想法做出解释，将这两个想法联系起来又会产生第三个想法——可能行业内的其他人对这个想法还没有清晰的认知。要保持清醒、一直向前、敢于提出别人害怕提出的问题，并且快速消化所有信息。我每天都会这样做。如果坚持每天这样做，再加上我从职业经验中培养的第六感，那么职业生涯便会一片光明。[3]

“正确条件”的组成部分

像丹·马里奥特一样拥有“正确条件”的人并非事事都擅

长——每个人都是如此（除了被选入棒球名人堂的威利·梅斯，他能够打球、守场、跑垒，而且每一样做得都比别人好），但是他们擅长重要的事情。保持完美、精通公司列出的所有能力（做好一项工作所需的技能和行为）并非成功的必要条件。[4] 公司监测并用于业绩发展和管理的能力有10~12种，那些成功升职到领导层，拥有“正确条件”的人通常精通其中的3~5种。[5] 但是，他们会着重发展“正确条件”。

如果想要确定自己是否正在专注发展“正确条件”，可以思考以下两个问题：

- 相比于做类似工作的人，我是否具备目前这一岗位需要的“正确条件”？在菲多利时，为了让我们的薯片和蘸酱产品在零售店上架，卖到消费者手中，我会重点发展与区域销售人员以及零售商的关系。这在菲多利是一个非常重要的能力，但是我发现许多市场部同事都不会每周飞到区域销售分部和零售商总部，与他们建立良好的关系。
- 我是否具备“正确条件”，并且基于此发展自己的职业道路，保证在未来实现职业成功？丹·马里奥特非常聪明，他不断丰富自己的技能，先熟悉技术营销和商业发展，之后又涉足财务。正因如此，他建立私募股权公司的梦想才得以实现。为了丰富自己在各个功能领域的知识，丹敢于冒险，这些对他之后的发展都有很大的帮助。因此，丹没有成为1.0版本的人（缺乏适应能力）和“一招鲜”式的人（技能有限、会提早遭遇职业天花板）。

想要回答上面第一个问题，你必须知道自己的长处如何发展成目前岗位真正需要的能力。你还需要与和你做同类工作，竞争同一岗位的人进行对比。如果你是一名技术产品经理，那么你需要具备强大的组织能力，并且能够与其他相关部门进行有效沟通。在这两种能力上，你是否优于其他和你是竞争关系的产品经理？如果你是一家风投公司的副总裁，你是否比行业内其他公司的副总裁更擅长社交——进行市场调查、寻找新生意？如果你是一家软件公司的销售经理，你是否比其他公司的销售经理更擅长销售，吸引更多新客？

丹·马里奥特能够突破固有思维模式考虑问题。他充满好奇心、会刨根问底地提出许多问题，能够找到推动企业发展的新增长点。同时，他具备强大的分析能力，能够评估产品组合的定价策略并对其进行调整，提高整体赢利水平。他也能够评估广告支出的效能并进行调整，提高投资回报率。这两种能力——创新性思维和强大的分析能力，对产品营销经理来说都至关重要。

所以一定要了解对工作岗位来说至关重要的能力。你可以咨询你的老板或曾经就任过相似岗位、能够站在你的角度思考的人，同时了解自己与同行在这些能力积累上的差距。之后你便会知道自己应该着重发展哪方面的专业技能。我当时咨询了保罗·戴维斯在市场营销方面哪些技能最为重要。保罗曾在市场部和销售部任职，他一步步升职到百事集团的综合管理岗，之后晋升为凯蒂薯片的首席执行官，最后成为硬币之星公司的首席执行官。

保罗告诉我有两个诀窍。第一，与研发部门建立良好的关系，确保研发新产品所需的资源充足，因为不断向消费者提供新产品是菲多利边际收益的一大来源。第二，与销售人员保持良好关系，获得他们的支持和关注。保罗告诉我，菲多利共有300件产品，销售人员向零售商售卖产品时只能重点关注其中的100件。“只有获得他们的支持，你的产品才能成为他们的重点关注对象！”

要发展“正确条件”——那些能够帮助你在未来获得成功的长处。研究表明，拥有正确条件的人通常会凭借以下三种特质（关键能力）在竞争愈加激烈的环境中脱颖而出：

- 主动性——他们会主动探索各种学习方法，不断提高专业技能，促进个人发展；他们会寻找具有挑战性的任务，提升发展技能的速度，获得职业晋升机会。丹·马里奥特便是一个例子。他主动承担拓展性的工作任务，在市场部学到新技能后，又转战战略规划部和财务部，从而有效提高了职业灵活性。

- 情商高——因而能够与他人建立良好的人际关系，避免像“神奇队长”一样遇到人际关系问题。
- 坚持不懈、结果导向——他们会设立延伸性目标（需要努力才能达到的目标），聚焦于投资回报率最高的工作，为整个团队的结果负责。[6]因此，他们可以避免像苦行僧一样目标不明确。

在被公司纳入员工技能开发项目的所有能力中，这三种能力在长期来看最能衡量一个人能否成为业绩卓越的员工。

第一大关键能力是主动性。这三者中，主动性最为重要。拥有正确条件、业绩卓越的员工属于“学习导向”型人才（想要不断学习和提高自身），他们会不断发展个人能力和专业技能。“学习导向”的个性能够帮助他们从经验中吸取教训，不再重蹈覆辙。陷入困境时，他们能够决定下一步行动。他们充满好奇心，不断学习新知识，积累新经验。他们会广泛阅读，不论是行业新闻或白皮书，还是实用型书籍或传记。他们喜欢刨根问底，经常会问“我们怎样……？”“如果这样做，结果是什么？”他们通过提问了解事情如何运作，为什么会呈现目前的状态，情况如何能够得到提升和改善。他们会主动寻求绩效反馈——想要获得他人的建设性意见从而提升自己。他们认为与人对话是从他人经历中学习的好机会。

斯坦福大学心理学教授卡罗尔·德韦克将这种学习导向称为“拥有发展心态”。[7]德韦克通过大量研究发现，认为智商可以得到发展的人（发展心态）比认为智商是与生俱来的人（固定心态）成绩更好，尤其是在学生中。他们的主要目标不是获胜或得到“A”，而是想要获得成长，得到提升。拥有发展心态的人认为成功是他们不断提升自己的结果。职业脱轨的原因往往是人们没有学习新技能或发展新能力。技术创新导致环境不断变化，因此员工需要快速学习并发展新技能。过度自信和眼界狭隘组合在一起会带来致命结果，经历职业脱轨的管理者和高管往往因此陷入困境。他们被成功冲昏头脑，觉得自己“无所不知”，不再听取他人的意见。他们一味依赖过去帮助他们获得成功的东西，却惨遭反噬。最后，他们会失去当初帮助他们获得成功的学习敏锐度！第 3 章提到的 1.0 版本的人埃迪便是如此。他是一名优秀的销售经理，但对公司的技术产品性能以及竞品的情况意兴阑珊、毫不了解，这进而影响了他的销售能力。

第二大关键能力是“与他人建立良好的关系”。不论头衔如何，拥有“正确条件”的人都会将自己当作领导者（不论他们是团队管理者还是独立贡献者），能够为企业带来正向的变化。即便商业环境恶劣，他们仍然能够以积极的态度对待工作。他们知道活力和热情能够感染他人。（我经常说：任何人都能够指出错误。我们应该做一个认为一切皆有可能的人。）这些业绩卓越的人能够凭借自己的高情商建立良好的人际关系，获得他人的支持。根据一项进行了 10 多年的针对管理者和领导者的 360 度绩效评估数据，情商低下导致的问题包括：戒备心重，不顾及他人感受，傲慢自大，情绪多变，缺乏同理心，50% 的职业脱轨是情商低下所致。在这项研究中，参与调查的领导者和管理者评分最低的能力是：耐心、善于倾听、理解他人、有效管控分歧。[8] 拥有“正确条件”员工的高情商具体表现为：自省能力、自我意识能力、自我管控能力以及社会理解能力。

自省能力、自我意识能力和自我管控能力都属于自我认知能力，涵盖了我们内心思考的全过程：感觉、感知、理解、评估事件，是一种理解并控制自我情绪，在高压情况下保持镇定，控制冲动和欲望的能力。就像两千多年前老子所说：“胜人者有力，自胜者强。”

百特的前任首席执行官哈里 · 克雷默说：“业绩突出的管理者会花时间通过价值观、目的、方向等方面了解什么对自己来说比较重要。职业脱轨的管理者则缺乏自省能力。他们缺乏规划能力，总是一惊一乍。‘我完全没想到工厂会着火！’（是你把化石燃料混在一起——你应该提前预料到这些事情，准备好应急方案）‘我妻子居然要跟我离婚！’（你每周出差 5 天）‘我两个儿子对我爱答不理！’（你和他们待在一起的时间屈指可数）”

克雷默顿了一下继续说：“自我反省可以帮助你提前预知并

解决问题。成功人士能够避免职业脱轨是因为他们在事情一帆风顺时便知道未来会有变数。职业脱轨的管理者则会想‘这不公平！’，他们认为这种事情不应该发生在自己身上。但是，每个人都会经历‘公平’与‘不公平’。你要做的是做好规划。”[9]

“具有较高的自我意识能够让我们认识自己是否存在职业脱轨的倾向，并设法解决问题。有自知之明的人了解自己的长处和短处，因此很少进入弱势领域。如果他们进入弱势领域，也能够针对弱势采取补救措施。”

最后一点是社会理解能力，即愿意了解他人的具体论点及其潜在原因——他们的观点背后的原因。拥有正确条件的人会对他人进行全面了解——考虑他们的背景、需求，以及志向。他们会仔细聆听，能够与他人感同身受，试着站在对方的角度思考问题。因此，他们的领导风格比较灵活，能够根据不同情况选择不同的管理和沟通方式，提高领导效率和说服力。[10]

格雷格·韦尔奇是高管猎头公司斯宾塞·斯图尔特的高级合伙人，他认为“上帝给了人类两只耳朵和一张嘴——我们应该按比例使用它们”这句民间俗语充满了智慧。韦尔奇认为，业绩卓越的员工往往有较高的社会智力。他们知道什么时候应该倾听学习，什么时候应该进行发言。“许多人争前恐后地发言，业绩突出的人往往只会提出真知灼见，推进谈话。”[11] 格雷格的话让我想起一句谚语：“先去了解别人，再要求别人了解你。”

纯果乐的前任首席执行官布罗克·利奇说：

我认为，长期来看有两大因素会导致职业发展的分化。第一，认识自己——认识自己的优点、缺点以及弱势领域。在你需要他人帮助的弱势领域，你的应对方法是什么？第二，培养情商，即了解他人、理解他人对你的反馈的能力。情商低下必定会阻碍职业发展。即使你天赋异禀、工作勤奋，只要情商低下，最终也会走上职业脱轨的道路。我经常看到这样的情况：人们过于投入自己的事业，导致他们成为井底之蛙，忽略别人的想法。[12]

如果你想要评估自己是否与他人建立了良好的关系，可以思考以下几个问题：

- 你是否会设法提高团队士气？
- 与其他部门合作时，你是否会寻找机会做职责范围以外的事情或增强两个部门之间的联系——主动承担其他人不愿接手的任务？
- 你是否会询问他人如何帮助他们实现战略目标和阶段目标？
- 你对他人是否具有同理心和同情心——你是否会关心同事的工作情况，询问他们哪里需要自己的帮助？
- 你是否会分享信息和资源，帮助他人实现关键业务需求？
- 你是否思想开明，能够尊重不同的观点或重视不同的管理风格和思想观念？

• 你是否会仔细聆听，避免主导整场对话？

食品生产公司 Foster Farms 的首席执行官劳拉·弗拉纳根告诉我，她的团队中潜力巨大的员工都十分谦虚，而且具备强大的团队合作能力。她说："那些潜力巨大的管理者会将他人看作合作者，他们不会抢走所有人的功劳，因此其他人愿意与他们共事。区别优秀管理者和卓越管理者的是领导能力，良好的人际交往能力又是领导能力的基础。"[13]

鲁思·马洛伊是高管猎头公司斯宾塞·斯图尔特领导力咨询服务公司的一名咨询师，她针对高潜力人才的特征与行为进行了研究，研究结果与上文提到的如出一辙。鲁思告诉我，业绩卓越者的两大优点是："主动性"以及"擅长团队合作"。她说："多数企业凭借主动性判断员工是否具备巨大的潜力，但往往会忽视后者。极具潜力的管理者能够审度时势、花时间深入了解其他团队成员以及项目的组成。他们会先确定重要事项以及完成这些重要事项所欠缺的条件。然后，他们会选择自己能够做出最大贡献，发挥最大效用的岗位。他们可以借此建立良好的声誉，并且在这一过程中建立起人际关系网。另外，他们会仔细聆听，这也能够帮助他们建立声誉。极具潜力的人往往对他人的想法兴趣浓厚。"[14]

我在凯洛格商学院将《道德经》这本书推荐给学生。这是一本中国古书，凝结了许多中国古代的智慧箴言，其中很多篇文章都表达了领导者应保持谦虚，为他人服务的态度。我最喜欢一段的是：

> 太上，下知有之；
> 悠兮其贵言。
> 功成事遂，百姓皆谓我自然。[15]

《道德经》的作者老子也曾说过："是以圣人后其身而身先，外其身而身存。"老子建议领导者相信他人，在幕后引导他人，施政不扰民。如果领导者树立的榜样能帮助他人做出正确选择，这也能让他们感到十分欣慰。

第三大关键能力是：结果导向。拥有正确条件的人会以结果为导向，而且，他们希望企业能够衡量他们的业绩，帮助他们了解工作情况。他们会努力了解任务的优秀标准，希望就任能够为结果负责的岗位。

当事情没有按照计划进行时，拥有正确条件的人能够灵活应对。他们在高压环境下仍然保持头脑清晰；他们拥有强大的情绪恢复能力和心理承受能力，会将失败看作一次学习机会，而不是个人的命运，之后再卷土重来。[16]

对业绩卓越的员工来说，完成工作本身便是驱动力。对他们来说，主要驱动力是工作能力以及贡献自己的价值、促成可见变化的能力，而不是金钱和地位。他们渴望做出一番事业，这激励他们努力达成高目标，挺过逆境。

思考一下：你是否设定了具有挑战性的目标并且确保这些目标能够被衡量？你是否会定期根据衡量标准追踪进度？你是否更偏向于行动派，总想要把事情做完？你是否坚忍不拔、具有超强毅力——不论如何，即便加班到很晚或者周末无休，你都要在截止时间之前达到目标？

全球领导力咨询公司亿康先达的合伙人道格·库什强调，高潜力人才的关键特质之一便是具有驱动力。库什说："我们为公司招聘时，最看重的因素之一便是面试者是否有'拼尽一切'的态度。升职到高级管理层需要坚持不懈的精神以及在别人疲惫时仍然坚守的品质。这需要具备牺牲精神。面试者是否具备这种追求成功的驱动力呢？"[17]

正确条件：一个框架

借助领导力研究，结合在百事集团、沃尔玛、艺电以及多个我参与创立和管理的初创企业中吸取的经验，我设计出一个正确条件框架（见图 2）。这一框架囊括了正确条件的 5 个关键部分[18]：

- 帮助你在所处职能部门获得成功的工作技能，例如营销技巧、销售技巧、供应链运营技巧。
- 深入了解行业：了解影响行业的政治、社会经济和技术因素；理解行业生态系统中的权利变化，包括买家、卖家、供应商、竞争者的权利。
- 具备实操能力，能够确定工作重心；了解公司内部的工作方式。
- 独特优势：上文提到的3个关键的行为——主动性、建立良好的人际关系、结果导向。
- 导致职业脱轨的因素：本书讨论的导致职业脱轨的五大典型角色。如果忽视这五大问题，便会导致优缺点失衡，进而影响长处和优势发挥，阻碍职业发展。

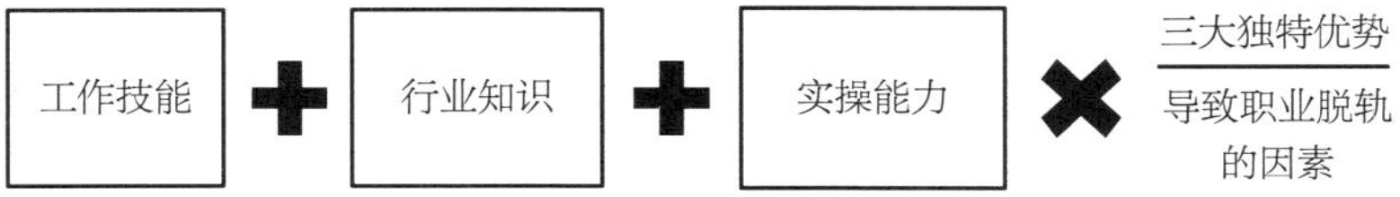

图2　正确条件的框架

工作技能：知道要做什么

如果想要进入高级管理层，你必须在所选领域或某一专业领域拥有强大的技能，不论是业务领域（例如金融、运营、人力、市场营销、销售、软件应用开发），还是其他专业领域。拥有正确条件的人会专注发展有助于提升解决问题能力的特定技能，尤其是在职业生涯早期。工作技能是职业资本，它在争取加薪或跳槽时会成为有力的工具，能够让他们更加抢手。不过，他们也知道自己需要时间充分学习这些技能。我的经验之谈是，至少需要连续6~8年的时间，我们才能深入全面掌握某一实用性工作技能。原因在于：如果说一个功能性工作类型（例如品牌营销、销售、供应链物流、公司金融）中有10个主要技能领域，想成为一名专家，你可能需要深入学习其中的4~5个，并且大概了解另外的4~5个。如果你用3~4年的时间认真地做一个项目，你便会精通3个领域技能。之后，如果你被调到不同的岗位上（职责范围相同），你将能够学习另外3个工作领域技能。因此，在这6~8年的时间里，你需要进行多次轮岗——或者至少在同一工作岗位上做过多种任务，才能确保你在某一领域的技能得到全面深入的发展。

例如，我在消费者营销部门做了整整10年，才有信心带着我学到的技能跳槽到一个初创科技企业。在那10年间，我在百事集团多个部门轮岗，并且做过5份与营销相关的工作：

- 在加拿大必胜客做餐厅的营销推广人员，当时我所在的团队负责在加拿大各个省上线必胜客配送服务。
- 在菲多利做销售渠道拓展，当时我所在的团队负责将菲多利的产品推广至全美的便利店。
- 在菲多利美国西部分部做渠道营销，将菲多利的营销项目推销给西夫韦、开市客等食品零售商。

- 担任新品营销官，所在团队负责研发玉米片新产品。
- 担任品牌营销主管，负责提高菲多利旗下玉米产品和蘸酱产品的收益。

在每份工作中，我都学习并锻炼了产品营销方面的技能。例如，在菲多利的新品营销官岗位上，我学到了如何进行主要市场调研、市场划分、市场定位、在试销市场发布新品。担任 Tostitos 的品牌主管时，我学到了如何评估和调整定价，设计高效的市场营销活动，刺激消费者需求。在渠道营销岗上，我学到了如何争取零售店的货架位。我离开菲多利消费品市场部，打算跳槽到一家新创科技公司时，已经掌握大量的营销技巧，并且可将其应用于其他工作。不论是营销游戏软件产品（艺电），抑或开发一项新业务，向男性顾客售卖钻石（钻石珠宝销售公司 Blue Nile），在不同的商业环境下，我都能够灵活运用这些技能。

如果缺乏耐心，认为通过跳槽获得升职加薪比积累技能更加重要，那么便很难全面深入发展某一领域的技能。我经常遇到这种情况。我在艺电担任市场营销部副主管时，面试了一位叫迈克的人，他申请的岗位是 EA Sports 授权店的营销主管。

我们面对面坐着，我浏览了他的简历，发现他换了很多份工作。刚开始，他在一家游戏软件公司做产品质量检测员，持续时间为 12 个月。之后，他跳槽到好莱坞的一家制片公司，做了 8 个月的营销主管助理。后来，他进入一家电子游戏公司，做了两年的营销活动主管。最后，他到一家中型体育用品电商公司做了 18 个月的业务发展主管。

我在他的简历中看不到任何职业规划，也无法得知他的长处。所以我问了迈克两个问题："第一，请告诉我你在营销方面最擅长的三种技能。第二，请各举一例，说明你是如何利用这些技能提高公司的业绩的。"

迈克曾工作的行业不同，因此很难学到成套的营销技能。他很有可能连第一个问题都答不好，更别说第二个问题了。他在每个公司的任职时间仅为 8~24 个月，能做出什么意义重大的改变呢？进入一家新公司后，你往往需要一年的时间找到洗手间的位置，学会使用咖啡机。（你学会使用咖啡机时，肯定对洗手间的位置已经了如指掌了。）适应新环境、了解公司的工作流程需要时间。第二年，你可以制订计划并开始执行。第三年，你需要关注计划的执行情况，并不断修正。因此，我的经验之谈是：在一个岗位至少待 3 年才能做出成就，才能有充足的例子证明你具有商业敏锐度。除非你在一家初创企业工作——科技行业发展日新月异，它的一年相当于其他行业的 15 年，否则你不可能在 18 个月里做出一番事业。

有时，我在凯洛格商学院教书时会告诉学生："把自己想象成一名优秀的修理工人。公司希望你有自己的工具包，能够评估当前的情况，选择正确的工具并解决问题。他们基于你的技能和解决问题能力发放薪水。之后，随着经验的积累，你可以从修理工升职为设计师。但是你的首要目标是成为一名优秀的修理工人，帮助他人解决问题。这是公司雇用你的原因——这是你的职业资本。”

我担任沃尔玛在线购物平台的首席执行官时，把周五下午设为办公室开放日，鼓励公司员工（不论等级和职位）来办公室找我聊天，主题不限——可以是一个新想法，也可以是他们面临的问题。有很多非常优秀的员工找我，说自己想要升职——有的在新岗位上才工作了 9~12 个月就想升职，甚至还没有学到岗位的必备技能或说不出任何合理理由。他们说明自己的理由时我会耐心倾听，但通常在最后我都会说：“请保持耐心，先积累你在本专业领域的技能，做出一番事业。升职是由能力和业绩决定的，而不是看你是否具备潜力。”

行业知识——了解为什么要这样做

拥有强大的工作技能固然重要，却远远不够。拥有“正确条件”的人会慎重选择自己从事的行业，并且花时间深入了解这一行业。他们充满好奇心，关注外部环境，因此非常熟悉行业市场动态，了解关键供应商、买家、卖家以及当前竞争者和潜在竞争者的情况。他们建立了强大的行业关系网，因此能够高效解决问题，快速研发新产品和新服务。他们通过长期的经验积累培养出对行业的第六感。面对棘手问题时，他们可以基于自己的过往经历预测结果，通过直觉确定最佳应对方式。

我在加拿大必胜客分部做营销主管时，部门总裁吉尔·巴特勒在我们展示年度运营计划时，针对我们的弱势领域，向加拿大分部的管理团队提出了一些引人深省的问题。我对总部的首席财务官史蒂夫低声说道："他就像装了一个自动引导装置，直击计划的瑕疵！"史蒂夫笑着说道："这是他的经验之谈。他在行业内摸爬滚打多年，所以知道应该深入探讨哪些问题。"

凯洛格商学院的学生向我咨询职业问题时，我会告诉他们一定要深思熟虑，并且选择具有吸引力的行业，这至关重要。我建议他们在做决定时考虑以下两个标准：第一，选择正处于快速发展阶段，宏观因素对其有利的行业；第二，选择正在经历技术创新的行业。

处于快速发展阶段的行业晋升机会更多，因此身在其中更容易升职。许多趋势都会催生推动行业未来发展的宏观因素。以消费者行为趋势为例，越来越多的消费者购买天然食物，因此白波食品公司的 Silk 牌豆奶和杏仁奶、Horizon Organic 公司的有机牛奶等新兴企业的产品才得以与老牌食品饮料巨头的产品匹敌。人口趋势也是一大因素。例如，老龄化催生了低成本、高灵活度的医护服务企业，这些企业旨在改善医护服务。另一大趋势是消费技术的变革。例如，移动互联网促进私人订制产品和营销服务企业的发展，同时也催生出阿里巴巴等电商公司，彻底颠覆了传统的实体零售行业。

几个月前，凯洛格商学院的一名学生卡尔找我咨询，想知道他应该去一家餐饮集团旗下的龙头比萨连锁店做财务主管，还是去一家医疗保健公司做战略规划师。我问他："你对哪个行业更感兴趣？"他说："应该是医疗保健行业，因为这个行业正在经历巨大变革。"然后我问他："哪个岗位提供的学习和发展财务管理技能的机会更多？"他说："这两个岗位可以在不同方面提高我的能力。前者能够帮助我了解财务运营知识；后者能够帮助我了解财务规划、资金分配等相关知识。"然后，我问他哪个岗位的职业灵活度更高——哪个岗位提供的职业发展机会更多。他说："美国人的饮食习惯正在改变，因此比萨行业正在逐渐没落。所以我认为后者能够给予我更大的升职空间。"我笑着说道："好吧，那你现在怎么想？"他说："我想我已经说出了答案。"

我在1998年初离开了菲多利，进入艺电公司。主要原因就是当时电子游戏行业正在飞速发展。由于诸多原因，玩游戏的人迅速增加。第一，安装宽带的家庭越来越多，网速得到提升，因此玩游戏的人也随之增加。第二，微软开发的家用电视游戏机Xbox和索尼开发的PlayStation等游戏设备进入更多家庭，刺激了消费者对游戏软件的需求。面对硬件设备的不断提升，艺电孵化了麦登橄榄球、*FIFA* 等游戏软件，并将其嵌入硬件设备之中。艺电发展非常迅猛：1997—2007 年间，其市值从 5 亿美元增长至 180 亿美元。（在我写本书时，艺电的市值为 300 亿美元。）艺电公司发展迅速，因此，我刚进公司不久便得到几次升职机会——具备实操能力的管理者总是供不应求。但是，尽管我从咸味零食领域转到电子游戏行业看似明智之举（因为艺电正要开始经历快速发展期），实际上这是一个错误的决定。进入艺电的市场部后，我发现得到升职的员工——晋升到高管层的人都是重度游戏爱好者，对游戏行业和用户体验了如指掌。我的两位同事弗兰克·吉博和奇普·兰格便是如此。他们都是非常优秀的营销人员，我们一起讨论应该营销哪个游戏产品以及原因时，他们都比我更有想法。

他们拥有丰富的游戏行业工作经验，能够获取软件开发者的信任，对于哪款游戏将会大火、哪款游戏不会火爆有更加敏锐的感觉。在我早期的业绩评估中，老板告诉我，如果想要晋升到管理层，我应该在晚上和周末多玩游戏，弥补自己匮乏的产品知识。我尝试了 6 个月左右，但是每天晚上启动电脑游戏或者把游戏光盘插入新买的 PS 游戏机时，我都会不停抱怨。最后我放弃了游戏，开始阅读我期待已久的理查德·拉索的新书，观看那些还没来得及看的电影。我发现自己对游戏提不起兴趣，因此一年后离开了艺电。

正在经历创新的行业与处于快速发展阶段的行业同等重要，

因为公司在进行调整、适应变革的过程中，势力均衡的状况会发生改变，职业机会也会随之而来。一项新技术会动摇企业的根基，让保守派措手不及——并寻求答案。“是否有人了解人工智能和机器学习将对耐用消费品行业造成何种影响？”“我们是否也应该采用以云计算为基础的 SaaS 模式？这样似乎成本更低、速度更快，我们快要被 Salesforce.com（一个集成 CRM 平台）取代了！”“我们应该如何应对亚马逊的崛起 ?! 现在他们开始针对消费品提供两小时送达服务，我们的零售店将会受到影响。”不论你从事哪个行业——数字健康、教育改革、全渠道零售、以云计算为基础的网络规模信息技术、人工智能、智能机器、物联网、SoLoMo 数字营销或网络安全，只有在发起创新的行业中的企业工作才会让你受益，例如数字媒体行业的 Hulu、奈飞（Netflix）以及亚马逊。被动接受创新的行业反之——例如传统电视企业以及电影制片公司。

脸书的首席营销官加里 · 布里格斯在为职场新人提供建议时强调了三个因素。“第一，不要频繁跳槽。在整个职业生涯中，你既需要导师，也需要追随者，如果你在一个公司只待几年，这两者你都无法得到。第二，选择进入正确的行业。在一个没落行业（不断裁员和控制成本）成就一番事业无法帮助你获得成长，反而会阻碍职业道路发展。增长能够解决大部分问题。所以一定要花时间仔细斟酌，选择进入正确的行业。第三，也是非常困难的一点，不要过度忧虑，否则你会失去动力和专注力。紧张地担心如何保住工作或者害怕做出错误的决策时，我们往往会束手束脚，失去活力，效率降低。所以，你在处于焦虑状态时，要意识到这一点并努力摆脱焦虑——说服自己不要害怕。不要让恐惧左右你。”[19]

实操能力——知道如何做

拥有“正确条件”的人能够确定并聚焦于可以带来高收益、推动企业发展的活动。他们了解公司的价值链（提高消费者价值的关键商业活动），知道自己的项目如何融入其中，了解想要获得成功必须依赖和联合的团队。他们不会事事亲力亲为——只会做正确的事情，并且具备苦行僧缺乏的组织策划能力。关键是他们积极建立高效的专家网络，会在完成关键任务时寻求各个领域专家的建议和支持。每份职业都存在知识漏洞，优秀的员工知道“找到所需信息，弥补知识漏洞的最快方法是什么”。[20]

在菲多利做市场经理时，我也谨慎筛选、慢慢建立起了一个跨部门专家网络，帮助我完成工作。如果我需要了解零售商是否接受我们团队推出的一款新品的价格，我会打电话给凯文·维维安或卡伦·沙因贝格。他们是销售部门的领导，会帮我找连锁超市 Publix 和克罗格零售公司打探一下消息。如果我有产品供应方面的问题，我会到采购部门找弗雷德·梅里尔或克里斯·布朗谈谈。专家网络中的人遍布公司的各个部门——包括生产部、产品供应部、区域销售部、渠道营销部、客户服务部、研发部、新品开发部，而且处于公司的各个层级，小到独立贡献者，大到副总裁。我向他们寻求帮助时会慎重思考，因为我不想消耗他们对我的好感。我会抓住一切机会对他们的支持表示感谢（通常以公开形式）并帮助他们完成项目。

我20多岁在百事集团工作的前几年里，发现了一群后起之秀，他们进一步发展了“内部网络”这一想法，在大的工作网之下又悄无声息地建立了一个小联盟。菲多利有4个销售部和市场部经理都是在差不多同一时期进入公司的。之后，他们被调到区域和总部的不同岗位上，但是他们依然联系紧密、互相帮助。最后，他们都成为各个公司的高管。我曾经有幸体验过一次他们关系网的力量。我和他们中的一个人约翰聊过天，我对他愿意跟我聊天感到激动（当时我只是市场经理助理，而他是销售部副总裁）。他经过我的工位时看到我在工作，便问道：“工作进展如何？”我说：“还不错，不过遇到了一个销售方面的问题。”他说：“有什么我可以帮忙的吗？”我说：“公司将要推出一款专门在便利店售卖的产品，我正在找愿意测试新品的销售区域。但是目前一无所获。”约翰说“等等”，然后便拿起我的内线电话拨了一个号码。3分钟后我的问题便解决了。约翰冲我眨了一下眼说“是我的一个朋友”，然后便离开了。15分钟后，我开开心心地去吃午餐了。我对这件事情印象非常深刻，所以我模仿了约翰的做法。我也建立了一个联系紧密的工作伙伴联盟——其中一位在财务部，一位在销售部，两位在市场部，我们会互相支持，互相帮助。[21] 一直到今天，这个联盟仍然在活跃。比如，几个月前，其中一位成员正在纠结是否要跳槽——他是应该留在现在的大型电器公司，还是跳槽到一家初创物联网公司？他找到我们，我们帮他评估了跳槽的利弊。（最后他还是跳槽了。）

工作技能和实操能力在职业生涯早期都至关重要。就像我之前所说，成功的管理者会用至少 6~8 年的时间培养自己的工作技能和实操能力。这些技能可以帮助员工升职到高级管理层，它们属于通过努力就能够学会的技能。而真正区分卓越员工与一般员工的是前文提到的三大独特优势——主动性，与他人建立良好的关系，结果导向。[22]

五大诱导职业脱轨的因素

五大诱导职业脱轨的因素——人际关系问题，难以建立和领导团队，无法适应变化，缺乏战略眼光，无法兑现承诺是“正确条件”公式中的分母。如果人们对这些问题不闻不问，这便会抵消工作技能和能力带来的优势。它们会阻碍个人发展，影响发展潜力。对诱导职业脱轨的潜在因素进行讨论至关重要，却会引起不适。因此，在问题一发不可收拾之前，高管团队和遭受职业脱轨的管理者通常会选择忽视这些问题。

业绩卓越者并非都是一帆风顺的。拥有“正确条件”并不意味着他们不会遭遇职业脱轨或不存在职业脱轨的风险；也并不代表他们每年都能超额完成业绩目标。在商业浪潮中，拥有“正确条件”的人也会不可避免地经历事业起伏，有时业绩良好，有时业绩平平。他们也会收到负面反馈，被警告业绩不佳。但是，拥有“正确条件”意味着他们能够解决困难，重回正轨：他们能够从错误中吸取教训，进行调整，采取补救措施，最后回到正轨。

回顾过去30年的职业生涯，我收到过不温不火的业绩反馈，当中老板对我的成绩没有做过多评价；也收到过让我警醒的业绩反馈，其中传达的信息是“如果不加以改善，那么……”。透过多年经验，我发现能够帮助我重回正轨的方法是：在负面反馈中寻找宝贵的意见，找到我能够努力提高的部分，例如弥补技能缺陷，掩盖自己的锋芒。我进入菲多利的前几年收到过一份职业反馈，其中对我的描述是“不具备战略眼光”，并且还说如果我忽视这个问题，便很难得到升职。一天之后，我重新振作，并且去问老板公司里“具备战略眼光”的人有哪些，他们的哪些行为说明他们具备这一特质。他告诉了我两个人的名字，但是他对第二个问题的回答没有解决我的疑惑。所以，我直接去找了那两个同事，并且单独邀请他们共进午餐。

第一位是品牌营销人员劳拉。我问她当初是如何扭转乐事薯片销量不佳的局面，为品牌重新注入活力的，她说：

> 开启一项战略项目时，我会先进行实地测试并收集反馈意见。我会与终端消费者以及向零售商推销产品的区域销售代表和客户经理直接沟通——他们能从零售商那里听到哪些项目可行，哪些项目不可行；他们也会观察消费者在店的购买行为。在90%的情况下，他们都能够告诉我目前的想法是否可行。所以我建议你走出办公室，乘坐销售人员的拉货车或乘坐客户经理的小轿车与他一起走访零售商，在路上你会有很多提问的机会。如果客户经理能够让你和公司的大客户进行交流，那么你便会知道自己的项目能否获得保障。

第二位是新概念研发团队的约翰。他认为“具有战略眼光”就是所谓的“协同”。每次遇到挑战性强的战略项目时，他的第一步是探索。他会先写下项目目标（项目的目标成就），之后会写下几个假设。这些假设都基于合理的判断，目的在于解释当前事态的原因。约翰说：“假如我的目标是：在年末之前扭转Sun Chips业绩平平的局面。假设可能存在的原因是：在咸味零食的消费者心中，Sun Chips的定位已经弱化——过去几年，营养零食崛起，消费者更加关注产品成分，对‘健康零食’的标准也有所提升，导致Sun Chips对消费者的吸引力下降。”之后，为了证实这一假设，约翰招募了一群人进行采访。他说："我将自己定位成一名优秀的咨询师，会和各种各样持有不同观点的人交谈，其中包括终端消费者、零售商、外部行业专家、工厂员工以及食品研发人员等。我所提的问题都是经过深思熟虑的。我会列出一个包含启发性问题的清单，在采访过程中，我努力不被自己的观点影响，尽量保持开放心态。"约翰说，他的问题都属于开放型问题，无法用简单的"是"或"不是"回答，并且鼓励受访者敞开心扉进行交流。他要求受访者通过讲故事和举例子的方式印证他们的观点。之后，他会从采访中寻找固定模式，并将自己观察到的记录下来，作为他未来战略目标的参考，通过这种方式消化采访中获取的信息。约翰说："我会思考几个基本问题：'终端消费者的目标是什么——他们追求的价值是什么？''阻碍他们实现目标的因素是什么？''他们认为应该如何改变？'如果我能在探索整合的过程中找到这些问题的答案，那么便可以提出解决方案。"

与这两位同事聊完后，我开始将他们的方法应用于我的工作。他们的建议让我受益匪浅，因为在第二年的业绩评估中，我获得的评价是"具备战略思维"，而不是"低于目标水平"。

收到负面反馈或职业生涯受挫时，我会采取的另一种方式是：以积极的态度看待不如意，寻找激发工作热情的驱动力，以便重新投入工作，避免陷入恐慌。为了实现这一目标，我会告诉自己：挫折是提高自己的最佳方式，如果我能够调整自己，渡过难关，我就会得到提升，达到更高的境界。我通过不断鼓励自己，提升信心。我会告诉自己：我能够挺过困境，从中吸取教训，并且提升自身能力。高中时，我在一次篮球选拔赛上擦伤了膝盖，做了好几次修复手术。当时我是一名游泳健将，但是好几位医生都告诉我今后我不能再游泳了。但是，凭借超强毅力，我的膝盖得以恢复，在大学时我甚至作为运动员参加过竞赛——我的专长是400米单人混合泳，这种游法需要一次游100英尺[①]的距离。我在斯坦福大学读书期间，优秀的人无处不在，这让我备感压力，甚至差点辍学，导致我在第一学年成绩平平。但是，我努力学习新的学习方法，在后几个学年取得了优秀的成绩。我经常回忆起这件事。另外，1995年我差点被菲多利开除时，我开始学着解决自己的人际交往问题，比如在面对权威人士或公司重组时进行自我管控，几年之后便得到升职。

之后，我会寻找激励源提升我的斗志，帮助我重新投入工作。我收到“不具备战略眼光”的业绩反馈后，向新概念发展部门的约翰学习，决定深入了解如何开展以探索为目的的早期市场调研——那时，我的重要任务之一便是增加菲多利咸味零食在得克萨斯州和加利福尼亚州西班牙裔人群中的销量。我阅读大量书籍，深入学习各种实地采访调研方法。我跟随在专业市场调研公司工

① 1英尺 = 0.304 8米。——编者注

作、使用民族志研究方法的研究人员，向他们进行学习。我花大量时间采访东洛杉矶、哈灵根、麦卡伦以及拉雷多等地区西班牙裔社区的消费者，这意义重大。我开始对墨西哥文化感兴趣，并且阅读了大量讲述墨西哥历史的书籍。最后，在不断学习新东西的过程中，我发现自己每天都对未来的工作生活充满期待。

迈克·加姆森是领英公司全球解决方案部门的高级副主管，他说："我认为驱动力是提升业绩水平的最大因素。就像在一段良好的关系中，你会思考：'怎样才能让爱保鲜？'业绩卓越的人会不断投资自己，持续推动职业发展。他们会寻找新的挑战——敦促他们不断学习的因素，让他们重新充满活力、不断探索。"[23]

职场新人的十大生存法则
从工作岌岌可危到稳中有升

❶ **找寻自我驱动力。**了解自己的动机与驱动力，你将会找到与自己内在需求相符的岗位。

❷ **选择适合的行业。**请优先选择正处于快速发展阶段，宏观因素对其有利的行业；选择正在经历技术创新的行业。这类行业晋升机会更多，职业灵活度更高。

❸ **了解岗位所需核心能力。**工作技能和实操能力在职业生涯早期都至关重要。你可以咨询你的老板或曾经担任过相似岗位、能够站在你的角度思考的人，同时了解自己与同行在这些能力积累上的差距。之后你便会知道自己应该着重发展哪方面的专业技能，弥补技能鸿沟。

❹ **进行价值链分析。**按照主次顺序思考为公司创造价值的关键业务，理解自己的工作如何融入公司的关键工作流程。

❺ **理性看待优势技能。**过于依赖自身优势会掩盖关键技能的缺失，你将无法找到阻碍职业发展的个人盲点。

❻ **广泛阅读。**大量泛读，对内容进行总结，并将所学应用于工作。比如阅读你所在领域的重要书籍、资讯网站及趋势报告等，积累新经验。

❼ **警惕潜力决定论。**升职是由能力和业绩决定的，而不是看你是否具备潜力。

❽ **主动对话。**通过提问了解事情如何运作，为什么会呈现目前的状态，情况如何能够得到提升和改善，从他人的建设性意见中提升自己。

❾ **建立高效的专家网络。**在完成关键任务时，寻求各个领域专家的建议和支持很重要。每份职业都存在知识漏洞，优秀的员工知道找到所需信息，弥补知识漏洞的最快方法是什么。专家网络中的人可以遍布公司的各个部门，你在请求帮助前需要慎重思考，并及时向他们表示感谢。

❿ **抓住机会。**了解自己的待发展领域还远远不够——你还需要确定成功的标准是什么，并且提出一个清晰可测的行动计划。然后，你必须想方设法抓住在岗培训机会，学习自己欠缺或薄弱领域的技能。你可以把这个当作在训练肌肉，目的是要形成肌肉记忆，不再重复之前的恶习。

第 7 章

了解自己的驱动力

了解自己的天赋、弱势领域以及驱动力是辉煌事业（具备“正确条件”的职业生涯）的基础。在领导一个项目、一个团队、一个企业之前，你必须学会自我领导。这需要你了解自己，尤其是通过深入探究找到激励自己不断向上的动力源泉。

驱动力是活力的来源。它能够让你投身自己热爱的事业，激励你不断向前，提升业绩。个人需求是驱动力的基础。若需求得到满足，你便会感到开心，充满动力；若需求没有得到满足，长此以往便会引发根深蒂固的认知失调以及焦虑心理。你会因此消极怠工——对工作不闻不问，敷衍了事。举个例子，如果你像我一样重视自主权和自我表达权，但所在岗位的工作职责是整日办理各种手续，处理严格的审批程序，你便会失去斗志，最终无法充分发挥自身潜力。或者，如果你喜欢与他人合作共同达成目标，但目前是独立贡献者的角色，只能单独行动，那么你的归属感需求便未得到满足，这会影响你未来的发展，进而影响你的业绩。

玛格丽特便是一个例子。她才思敏捷、雷厉风行、想法新颖，不到 40 岁便成为市场部主管，曾在几家 B2C（商对客电子商务模式）互联网初创企业任职。[1] 2001 年互联网泡沫破裂后，出于巨额房贷的压力，玛格丽特决定在一家稳定的大型企业（缺乏并且需要她这样具备高超互联网营销能力的人才）谋求一个职位，她觉得这样更加谨慎。之后，她进入一家大型快消公司，担任市场部经理，负责客户关系管理部门。

玛格丽特说："当时，我认为跳槽到一家大公司合情合理。因为大公司非常稳定，而且我对这个行业（服装行业）也非常感兴趣。但是，很快我就感到不太适应。我喜欢发展迅速和丰富多样的工作环境——最好能够与多个团队共同处理多种紧急任务。在这个公司我却没有这样的机会。我在客户关系管理部门工作，部门的工作范围很广，毕竟公司市值过 10 亿，但是我个人的职责范围非常有限。公司的工作进程极其缓慢。企业文化强调人际关系，而且政治意味浓厚，为了完成工作，我必须和十来个团队进行沟通并得到他们的支持，其中很多人与我的项目都没有直接关系！"

玛格丽特并未意识到，对她而言，在一个不断变化、发展清晰可见的环境中工作是提高工作满意度的主要因素。她渴望自主权，希望获得成就——负责解决初创企业出现的大量问题，工作时不受监管制约能够激发她的动力；另外，她喜欢结构扁平、发展迅速、不断变化、工作流程和程序简单明了的工作环境。她说自己是个"需要不断被刺激的人"——能够从一个问题迅速转向另一个问题对她有极大的吸引力。她离开初创企业、进入大型公司后，职业生涯便一直停滞不前。

“我渐渐丧失了工作动力，也逐渐丢失了乐观进取、热情洋溢的天性——在那之前，它们对我的职业发展有很大的帮助。进入公司的第三年，老板告诉我，我没有被列入副主管的候选名单。虽然我拥有丰富的客户营销经验，却不适合‘管理复杂的大型跨部门项目’。那次谈话之后，我开始进行深刻的自我反省。最后，我发现自己并非能力不足，而是缺乏意愿——因为‘大型’这个词与诸多其他因素挂钩，例如‘缓慢’‘政治意味’，这些对我没有任何吸引力。这次经历让我明白，相比于对某个行业有热情——对我而言是服装行业，企业文化与自身契合更加重要。因此，一年之后我选择了离职，并且跳槽到一家初创企业，也就是我现在的公司。如今，我在一家发展迅速的电商公司担任首席营销官。”

玛格丽特拥有“正确条件”，但是她需要了解自己的驱动力，并基于此选择能够充分利用自己才智的岗位。只有了解自己的驱动力，才能做出更好的职业选择，从事既符合自身需求、又符合自身兴趣的工作。

5 个基本激励因素

人们在工作场所中通常受到以下 5 个基本因素的激励：成就、归属感、权力、自主权、价值意义。[2] 不同的人情况也不尽相同：

对某些人来说，归属感和价值意义是有效的激励因素，权力却不会起到激励作用；对其他人来说，权力和成就是最有成效的激励因素，归属感效果欠佳。

成就

成就是指不断提升业绩，实现对自己而言意义重大、极具挑战的目标的需要。如果对你来说，成就是有效的激励因素，那么你可能更加偏爱业绩指标清晰明了，能够实时看到自己进步状况的工作环境。你可能会通过向别人寻求反馈来提升自己。你可能会设立清晰的职业目标，协调工作投入，衡量自己的进步状况。

归属感

归属感是指与他人保持友好、密切关系的需要。追求归属感的人渴望团队作业并且希望受人欢迎，更喜欢合作关系而非竞争关系。如果对你来说，归属感是有效的激励因素，那么你可能非常擅长团队合作，善于倾听，能够感知他人的想法。你可能擅长培养团队精神，激励大家朝着目标前进。老板或许会将你看作团队或部门文化氛围的风向标，利用你的包容性进一步发展团队精神。

权力

权力是指对他人施加影响的需要，包括个人权力与制度权力。

追求个人权力的人通常想要获得地位与认可，想要控制他人；追求制度权力的人则会努力协调团队成员的工作，以便实现公司目标。如果对你来说，权力是有效的激励因素，最好的情况是，你会为他人赋权，努力实现团队目标。你能够通过影响他人实现最终目标，能通过各个组织层级来解决复杂、跨职能计划的问题。可最坏的情况是——如果你受个人权力的驱动，你会追求以扩大个人权力为主要目的的工作，并且只会思考“我能从中捞到哪些好处”。

自主权

自主权是指掌控自己的工作、自主决定工作方向的需要。如果对你来说，自主权是有效的激励因素，那么你可能更想自主决定工作内容（你来决定做什么）、工作时间（你来决定时间分配）、工作方法（你来决定如何做），以及工作团队（你来决定工作伙伴）。[3] 追求自主权并非事事亲力亲为——如果是这样，你便会成为单飞者，完全以自我为中心。追求自主权是指你对工作结构以及完成方式有较高的话语权：你做什么，不做什么；什么时间与谁合作，原因是什么。畅销书《部落》（*Tribes*）和《紫牛》（*Purple Cow*）的作者赛斯·高汀曾说过：“（自主权的）艺术在于挑战你的极限。这是我最喜欢自主权的地方——由自己决定自己的极限。”[4]

价值意义

价值意义是指实现自己内在需求以外事情的需要。如果对你来说，价值意义是有效的激励因素，而某个组织或工作的主要任务能够将你的工作与社会福祉联系起来，且与你的重要价值观契合，那么你便会被这类工作吸引。你喜欢价值意义大于产品本身的工作环境——能够利用资源和获益帮助需要的人，并为资源短缺地区提供稀缺资源的公司。畅销书《驱动力》的作者丹尼尔·平克说，受价值意义驱动的人想要进入“将利润当作促成变革的因素而非最终目的”的企业。[5]

那么金钱呢？为什么金钱不在这5个基本驱动因素之列？毋庸置疑，金钱是一大驱动力。如果薪资无法满足我们的基本生活需要——例如食物、水、房子、医疗健康和教育，或者我们觉得薪资水平与自己的付出不成正比，那么金钱便是一个关键驱动因素。但是，如果薪资能够满足基本生活需要，金钱等外在因素便不再是主要驱动力。此时，提升自己在感兴趣领域的工作技能等内在因素（一些我们觉得能够为他人带来价值，提升自身意义的因素）便成为主要驱动力。金钱仍然是需要考虑的因素，却不会主导我们的职业选择。它只是众多激励因素中的一个，之后可能会成为衡量我们在某一领域进步状况的标准。金钱只是实现目标的方式，并非最终目标。

一项元分析整合了92份定量研究的结果，研究对象超过

11.5 万人。结果显示，美国薪资水平与工作满意度之间的相关性非常微弱，相关性低于 2%。一项跨文化比较研究显示，在其他地区，薪资水平与工作满意度之间的相关性也是如此。分析结果显示，这两者的相关性在美国、印度、澳大利亚、英国和中国台湾等国家或地区相差甚微。这与盖洛普对员工敬业度的研究结果不谋而合。盖洛普针对 34 个国家或地区以及 49 个行业的 192 家公司进行了调查，参与调查的员工人数达 140 万。[6] 结果显示，不同薪资水平的员工敬业度相差甚微。诺贝尔奖得主丹尼尔·卡尼曼和安格斯·迪顿在一篇被广泛引用的调研中提到，在美国，薪资水平低于 7.5 万美元时，幸福指数会随薪资水平的增长而增长；薪资水平高于 7.5 万美元时，幸福指数几乎不受薪资水平的影响。[7] 电台新闻节目 *The takeaway* 提道：金钱买不到员工敬业度。我们越关注薪资水平，就越无法找到能够激发内在驱动力的工作——能满足求知欲，学习新技能，与个人价值观契合的工作环境，只有内在驱动力才能帮助我们实现最佳业绩。

在我咨询许多高管教练、人力资源主管、招聘专员、公司高管为什么天赋异禀的员工会遭遇职业脱轨、为什么成功人士能够获得成功时，他们屡次提到驱动力这个话题。高管猎头泰德·马丁告诉我：“你必须选择符合自己需求的职业，即便它不是一份光鲜亮丽的工作。否则你的业绩便会落后，同时你还会变成为别人端茶倒水的人。”[8] 梅兰妮是纽约一家中型金融服务公司的总顾问，公司专为基金会提供投资管理支持。她说:“我犯过的最大错误就是去了一家不符合自己价值观和需求的公司。在职业生涯早期,我在一家大型企业工作,这家公司人情冷淡,非常不适合我。而且我对公司所在的行业——企业资产管理与养老金资产管理也不感兴趣。”[9]

高管教练布鲁克·沃科维奇说:“我为职业受挫的人提供培训时,会帮助他们了解自己的‘驱动力’——包括价值观、动机和需求。他们遭遇职业脱轨可能是因为工作岗位与其核心技能不匹配,但更常见的原因是工作岗位与他们的驱动力不匹配。这是一个潜在问题。他们非常擅长目前的工作,却对这不感兴趣或者工作环境与他们的价值观并不契合,”布鲁克顿了一下继续说道,“业绩卓越的员工所做的最重要的一件事情就是了解对他们来说最重要的事情。之后,他们会在确定工作方向时考虑到这一点。”[10]

如果准确了解自己的驱动力是提高职业满意度的关键,那么导致人们无法精准找到自己的驱动力,并基于此进行职业选择的因素有哪些?

第一,驱动力属于下意识需求,相比价值观更难精准定位。价值观是指人们认为重要的信仰和信念,很容易被清晰地表达出来。你问一个人他看重什么,他往往思考几秒便可以说出一些想法:“我喜欢冒险,喜欢发现新事物——我喜欢旅游、体验新事物;我非常重视教育,因为我认为见多识广、了解时事非常重要。”

相较之下，驱动力则很难被清晰地表达出来，因为它们属于潜在的精神状态，是亟须满足的潜在需求。所以，如果你问别人他们的驱动力是什么，他们很可能无法清晰明确地回答出来。他们可能会说“嗯……我觉得金钱算是我的驱动力”，但是多数情况下，他们无法给出一个经过深思熟虑的答案。金钱往往只是实现目标的方式——帮助其他驱动力或需求得到满足的推动因素。或许，他们的驱动力是成就，金钱只是衡量自己进步状态的工具。

第二，公司很少会有人帮助我们了解自己的驱动力。公司里是否有身居要职、影响力大的人物曾经想要帮助你进一步了解自己的驱动力？你的老板或人力资源主管是否说过：“嘿，卡伦，我们来研究一下你的驱动力吧。这样我们才能确保你在最适合自己的岗位上——既符合你的需求又能帮助你实现个人价值。”一次都没有。在我 30 多年的职业生涯中，从来没有一个人跟我提过这个话题。我做了迈尔斯-布里格斯性格类型指标（Myers-Briggs personality type indicator，一个性格清单，用于测试人们感知世界和做决策时更偏爱的方式）测试以及盖洛普优势识别器测试，进一步了解自己的性格特征，这让我能够与他人高效合作，但是从来没有人想要帮助我了解自己的驱动力、需求以及动机。他们为什么要这样做呢？公司不希望我质疑目前的工作（或许这份岗位或这个公司不合适我！）；他们只想让我埋头苦干，完成手头的工作。尽管这种想法让人心累，但这并非我反抗上级、惹是生非的理由——这是每个人都需要面对的现实。一定有公司愿意帮助员工了解自己的驱动力，帮助他们找到合适的岗位（即便这个岗位是在其他部门、其他分部，甚至其他公司），但肯定只是少数。如果你所在的公司正是如此，那么你是个幸运儿。

我在运转良好的大型公司工作多年后才意识到，我的两大基本需求——自主权和自我表达权在这样的工作环境中都未得到满足。三十三四岁时，我担任菲多利的品牌营销主管。有一次，我向客户做展示时突然感到头晕目眩，差点昏倒。我不得不暂停展示，并向客户道了歉。一个月后，这种情况在一次会议上再次发生了。当时，我感觉到心跳突然加速、头昏眼花，只好在会议室后面的桌子上躺了一分钟。我去看了专治心脏病的医生，医生带我做了一系列检查并且告诉我没有什么大问题，只是心律不齐，不用太过担心。医生告诉我："我经常看到像你这样35岁左右的男性出现心律不齐的问题。他们想要把工作做好，所以压力很大。你是不是有很大的工作压力？"我说，工作上的确有压力，但是"都在正常水平"。看过医生后不久，我便离开了百事集团，进入一家更轻松的小型公司（规模只是百事集团的一小部分），那之后我再也没有出现过头昏的症状。我在百事集团时弦绷得太紧——需要控制自己的行为，努力迎合企业文化，保证行为"得体"，这不知不觉中影响了我的身体健康。这次事件让我进一步了解自己的驱动力以及我的性格与企业文化之间的不契合，也让我刻骨铭心。那么，如何更好地了解自己的驱动力，以便进入合适的行业，就任正确的岗位呢？基于合益集团与哈佛心理学家戴维·麦克利兰的研究，我总结出了以下一系列描述性话语，并将其按照前文提到的五大基本驱动因素进行分类，以便帮助读者找到自己的驱动力。[11] 请思考每个问题，并从1~5为自己进行评分，1分表示“不像我”，5分表示“非常像我”，然后计算每组得分，并选出得分最高的一组。这可以帮助你精准了解自己的内在需求和驱动力。[12]

成就导向

- 我会努力工作、提升业绩。
- 我更喜欢目标具体且便于衡量的工作。
- 我很愿意承担责任。
- 我会完全投入手头的工作中，直到将其完成。
- 我在极具挑战的工作中会做到最好。
- 对我而言，实现独一无二的成就至关重要。
- 我喜欢阅读能够提升自己、具有指导意义的实用型书籍。
- 在空余时间，我喜欢做一些提升自己的活动，例如学习软件开发或学习一门语言。

归属感导向

- 工作时我会主动结交新朋友。
- 相比于单独工作，我更喜欢团队作业。
- 我对周围同事的日常生活非常感兴趣。
- 我经常在他人情绪低落时帮助和安慰他们。
- 受到他人的喜欢对我来说非常重要。
- 很多同事都是我的朋友。
- 我喜欢阅读小说，更偏爱人物形象丰满的书籍。
- 在空余时间，我会与家人朋友一起参加各种聚会和社交活动。

权力导向

- 让别人同意我的观点对我来说至关重要。
- 我喜欢领导社团和组织。
- 全权掌控周围的活动是我的目标之一。
- 我巧舌如簧，擅长说服他人。
- 我喜欢为他人提意见。
- 我喜欢阅读政治和历史类书籍。
- 在空余时间，我会主动承担社区领导者的角色。

- 我会出席知名活动。

自主权导向

- 能够自主决定工作重心对我来说至关重要。
- 我想要自己选择团队成员，而不是由别人委派给我。
- 我宁愿自己花更多的时间独立解决问题，也不愿意别人告诉我答案。
- 我做事主动，具备企业家思维。
- 我认为确立方向属于老板的工作，我的工作是确定具体的工作方式。
- 我在自主管理项目或提出想法时能做到最好。
- 我喜欢阅读具有性格坚强、发展良好的人物形象的励志书籍。
- 在空闲时间，我会做一些自主性较强的活动，例如写作、阅读、画画、房屋修缮、远足、锻炼身体。

价值意义导向

- 我能够清楚地说出自己的价值观，并且选择符合自身价值观的工作。

- 我非常中意不是一心追求利润，而会追求更伟大事业的公司。
- 如果公司文化与我的价值观不契合，即便薪酬体系非常诱人，我也不会在这样的公司工作。
- 商业是推动世界积极变革的重要力量。
- 我喜欢阅读强调企业对社会产生巨大影响的书籍。
- 我通过阅读书籍或实践练习对自己的价值意义和使命有了进一步的了解。
- 在空闲时间，我会做志愿活动，主导一些对我来说意义重大的事业和活动。
- 我喜欢和他人讨论自己的价值观和价值意义，并且主动了解他们的价值观和价值意义。

驱动力与职业选择

尽管每个人都会受到多种因素的驱动，但起主导作用的通常只有一两个。因此我们需要审视自己，确保自己的主要驱动力与岗位重视的驱动力一致。我的主要驱动力是成就和自主权，同时，我也非常重视归属感，但是对权力比较淡漠，尤其是个人权力。对我来说，权力一直以来都不太重要。所以，我非常喜欢现在的职业，而且也做得比较成功。我现在是一名商学院老师（上课的学生会定期对我的表现进行评估）兼投资人（我可以自己确定工作时间，评估投资机会，结识许多企业家）。

几年前，我找过一位职业教练。因为那时我刚刚升职为沃尔玛在线购物平台的首席执行官，但是出乎意料的是，我发现自己对这份工作意兴阑珊。我非常喜欢上一份工作——负责管理市场部和采购部。这份工作既需要数据分析能力，也需要创新思维，而且能够让我直接接触到产品（不仅是我们买卖的商品，还有在线购物网站的“产品”）本身。此外，我还有机会与一群风趣幽默、思维活跃、动力十足的采购人员和营销人员共事。但是首席执行官这个职位似乎不太适合我。我觉得自己离产品越来越远；而且我大部分时间都在处理人事和法律相关的事宜，或者努力影响华尔街的分析师、技术专家以及新闻媒体等关键人物。职业教练为我做了几个心理测试（根据性格特征与态度，分析一个人是否适合某个岗位），她发现我比较重视归属感，对自主权的要求较高，但是对权力的欲望比较低。她把权力导向定义为“通过影响他人实现自己目的的欲望”。[13] 她说：“一般来说，首席执行官拥有较低的归属感导向、较高的权力导向。如果你本身的权力导向较低，那么管理沃尔玛在线购物平台对你来说是不是一个挑战？你目前的岗位难道不需要追求权力吗？”我回想了自己成为首席执行官的一年——我大部分时间都在用“花言巧语”影响总部的同事（尤其是首席财务官和首席信息官），希望他们能够为我们网站的基础设备与功能方面投入更多资金与资源。然后我回答道："是的，这个岗位需要追求权力，这让我身心俱疲。我不喜欢这样。我对未来的工作都失去了期待。"

担任首席执行官之前，我在沃尔玛在线购物平台就任过两个岗位——主要内容是管理能够提升业绩的部门，管理大团队，确保工作按时完成并且产品和服务得到提升。那时，我完全乐在其中。升职为首席执行官之后，我的工作不再是提升公司业绩，而是通过影响他人获取资源，我觉得自己无法实现自身价值。之前的岗位需要很高的成就导向来完成运营计划，同时也需要归属感导向来发展公司的优秀员工；而首席执行官的工作需要较强的权力导向，通过影响众多关键人物来为沃尔玛在线购物平台赢得更多资源。于我而言，前者的吸引力显然大于后者。但是，由于我对自己的驱动力缺乏清晰认知，对首席执行官的岗位要求也不甚了了，因此接受了这份自己并不感兴趣的工作。这个岗位并不适合我——几年以后，我选择了辞职，然后成为一名大学老师兼投资人。（我非常享受现在的状态。）

不同的岗位会吸引拥有不同驱动力的人群。如果你所在岗位提升业绩指标的因素与你的内在驱动力相吻合，那么你一定会乐在其中。例如，合益集团的调查显示，成功的管理咨询师通常拥有较高的成就导向和权力导向，归属感导向则相对较低。[14] 咨询师需要在有限的时间内为客户提供见解深刻的调研结果（成就驱动），同时他们需要让客户理解并接受他们的调研结果（权力驱动）。创业者通常拥有较高的成就导向（他们需要创造并推出新事物），同时他们也有较高的价值意义导向（他们的使命是：创造世界需要的东西）。不过相比于咨询师，他们的权力导向较低。

通过进一步了解自己的动机与驱动力，你能够找到与自己内在需求相符的岗位。如果能够就任这样的岗位，你取得突出业绩的可能性便更大。如果你想要更进一步了解自己的驱动力，可以使用合益集团的图片故事练习和个人价值观问卷调查表这两个工具，它们能够帮助你准确了解自己的驱动力和价值观，以及它们将如何与你的工作相适应。[15]

确定工作匹配度

孩之宝公司的电子游戏部门兼公司发展部门的高级副主管马克·布莱谢在谈及企业在员工职业脱轨中扮演的角色时说道："出现职业脱轨可能是因为能力不足，但多数情况下是因为员工在公司中就任的岗位问题。相比于评估问题出现的原因以及防止问题出现（这对预防职业脱轨至关重要），公司更擅长在员工出现个人问题时找到问题所在。多数情况下职业脱轨属于匹配问题。职业脱轨的原因可能是你与企业文化不匹配，或者公司与所在岗位的发展道路与你当初想要的存在偏差。"[16]

别人咨询我在职业选择中需要考虑的重要因素时，我会建议他们在评估职业是否合适时着重思考以下6点：对工作的热情和兴趣、所需技能、行业特征、公司的发展阶段及企业文化、敬业程度、个人的弱势领域。

对工作的热情和兴趣

这个岗位（以及公司）是否与你的兴趣相符？例如，我发现，如果你考虑进入艺电这样的公司，那么最好要对游戏感兴趣，因为同事会不断聊到这个话题。如果你想要进入盖璞公司，那么最好要热爱时尚，否则你会觉得自己格格不入。如果你想要进入亚马逊，最好要对科技以及发展迅速的电商零售行业感兴趣。如果你想要进入耐克，最好能了解哪一队在国家美式足球联会东区处于领先位置，谁赢得了联邦快递杯总冠军。

至于对行业的兴趣高低，我会问求职者，他们是否会阅读有关自己理想行业或公司的意见书、博客、报道以及评论性文章。如果答案是“没有”，我会提醒他们慎重考虑是否进入这个公司或行业，因为该行业的领头人物都会阅读这些材料——而且还享受其中。

所需技能

该岗位要求的技能与你目前的技能水平是否一致？就任这一

工作岗位后，你能否进一步丰富自己的“技能包”？我们都是公司雇用的“修理工人”，需要自带工具包解决问题。你是否具备这一岗位需要的技能？我在离开百事集团、进入艺电公司时具备品牌营销技能，足以胜任艺电的产品营销岗，却缺乏游戏技能——我不了解一个好的游戏能够带来何种用户体验，这导致我在新岗位上不太适应。

行业特征

你所在的行业是否是你的兴趣所在，同时正在不断发展而且极具潜力？正如前文所说，在发展迅速的行业工作比在没落的行业工作更加有趣，因为升职机会更多。

公司发展阶段及企业文化

公司所处的发展阶段与你的技能、性格特征以及驱动力是否相符？企业发展初期，公司员工较少，业务刚开始发展。此时，你必须适应环境的不确定性，因为在团队摸索产品及市场定位的过程中，你可能需要转变商业策略（公司已经建立了可行的产品及服务方案，能够解决用户的燃眉之急）。你需要在多个紧急任务中来回切换，因此可能会有多种头衔。在这一阶段，工作会占据你大部分的时间——此时公司就像一个需要不断关爱和关注的婴儿。只有在它休息时，你才能得空休息。

在初步扩张阶段，你的工作重心为扩大营销力度，努力销售，建立运营和组织能力促进公司发展，进而创造产品及服务需求。你能否适应这一阶段？在这一阶段，公司就像一名青少年，你需要确立规则，指导它的发展。

或许，你喜欢处于增长阶段的公司。此时，公司就像一位健康强壮、风华正茂的青年，你需要通过研发新产品或新服务，开发新渠道和新市场，推动公司的进一步发展。在这一阶段，公司体系进一步完善，并且更加专业——你需要根据年度运营计划执行任务，公司拥有人力资源部门，专门负责员工的专业发展，提醒员工遵守公司规章制度。这样的工作环境适合你吗？

或许，你更喜欢处于成熟阶段的公司。此时，公司发展速度有所减缓，你可以代表公司处理一些特定任务。在这一阶段，公司就像一位五六十岁的中年人，不会再受到身份危机的影响（不过发展停滞时仍然会受到影响——此时，公司可能会开全员大会，为公司确定一个新身份）。相比公司发展早期，这一阶段你能够更好地平衡工作与生活，但是你需要学会高效应对大公司里不可避免的政治气息与官僚氛围。这样的工作环境适合你吗？

每个公司都拥有独一无二的企业文化。我从百事集团（正式的、官僚气息浓厚的企业文化）跳槽到艺电（随性、热爱游戏的企业文化）时便经历了企业文化的巨大转变。我也见过许多非常优秀的管理者加入沃尔玛时，由于没有了解并适应沃尔玛独特的企业文化——谦虚低调、集体利益高于个人利益、注重工作细节，因而职业生涯受挫。

我认为了解企业文化的最佳方式便是：进入公司之前，与公司管理者、第三方供应商及合作伙伴进行交谈。可以问他们：

- 公司非常重视的两到三件事情是什么？
- 公司里心照不宣的行为准则有哪些？
- 公司的宗旨和价值观是什么？
- 在公司里哪一类人职业发展较好？
- 公司里哪一类人发展较差？为什么？

评估一家公司时，人们通常会考虑一些外在条件，例如头衔、职责、薪资，但通常会忽视企业的文化规范——这会将自己置于危险境地。

敬业程度

做好这份工作需要多高的敬业程度？通常需要出差多长时间？最好能咨询在这一岗位上工作的人——不是指人力资源经理，而是指那些可能成为你同事的人。在有些公司，管理者每周工作超过 55 个小时是家常便饭。在有些公司，你下午 5 点 15 分便可以在办公室里随心所欲，并且没有人会因此受到影响。你愿意工作多长时间？基于你目前的生活状态，你能否能接受工作大量占据休闲娱乐时间？

个人的弱势领域

工作机会与你的内在性格、长处、缺点以及弱势领域的契合度是多少？如果你是一个寡言少语、性格内向的人，那么百事可乐的产品营销经理一职可能并不适合你，因为这个岗位需要较强的沟通能力——需要不断与公司高层、零售商以及其他部门的同事沟通，争取他们的支持和资源。

如果你是一个一丝不苟、勤勤恳恳的人，喜欢一次只做一项任务，当环境不确定或出现变化时会感到焦虑或无所适从。那么，你在加入一个处于发展初期的企业之前一定要再三考虑，因为这样的企业需要根据每天的状况在多个任务中来回切换。

关键在于，你需要了解自己的长处，鼓起勇气承认自己的弱势领域。只有这样，你才能够找到与自己的长处和驱动力匹配的工作。

为了找到人们的最佳职业，斯坦福大学的一名领导力研究专家采访了上千人，询问他们的“最佳职业”经历。[17] 他发现，人们的“最佳职业”有三个共有特点：

- 岗位 / 职业是他们的兴趣所在。

- 岗位/职业充分利用了他们的天赋与技能，避开了他们的弱势领域。
- 在这一岗位/职业中，他们为所在企业创造了可见价值——他们能够亲眼见证自己的工作创造利益，产生积极结果。

我回顾自己在凯洛格商学院（我为工商管理硕士以及参加高管教育的学生教授创业知识）的教书生涯时，感到非常幸运，因为这份职业与之前的首席执行官不同，对我来说它基本具备“最佳职业”的特征。我一直以来都非常喜欢教书以及为学生和企业家提供咨询；我能够利用自己的经验知识和技能为他们出谋划策；这份职业并未涉及我的弱势领域；我能够亲眼见证自己的工作如何帮助学生学习新的管理原则，找到一份不错的工作，以及帮助创业者提升公司业绩。

这便是了解驱动力的目的——找到一个自己能够较好地完成工作的岗位；这份工作能够充分能够利用你的技能，是你的兴趣所在，并且能够让你发自内心地感到满足。

业界精英的十大“避坑”指南

别让你的闪光点毁掉你的未来

❶ **及时调整工作重心。**识别、理解并接受会对公司业务造成影响的宏观环境的根本性变革，对自己的工作进行必要的调整，集中精力完成有助于提高自己关键绩效指标的工作。

❷ **改变原有的工作方式。**难以适应不断变化的环境通常会导致职业脱轨，你必须意识到你的目前的角色，及时改变帮助你获得升职的工作方式，比如由独自完成转变为合作完成。

❸ **零风险等于零决策。**拒绝完美主义，尝试设计一个最小可行产品进行市场测试。

❹ **注重能力转换。**随着职业道路的发展，你需要从提高技术能力转变为培养人际交往能力，并且适应由确定向不确定的转换。

❺ **不要让上级变更影响你的工作。**如果新老板没有给出明确的指导，请自己确定阶段目标和战略目标，明确成功的衡量标准，然后将其拿给老板确认，获得支持。

❻ **高学习敏锐度意味着更多的升职机会。**学习敏锐度是指从经验中吸取教训以及将所学应用于新的挑战、提升表现的意愿和能力。业绩卓越的员工擅长培养自己的学习敏锐度，建立学习圈子，分享和交流想法与教训。

❼ **丰富职业经历。**请尽量丰富自己的经历，促进个人发展与提升，尽量向公司争取横向调动，借此接触自己从未涉足的领域，争取加入跨部门团队。

❽ **留心过度专业化的问题。**天赋异禀、思维活跃的精英往往在某一专业领域拥有强大的技能，但过于依赖自己的一技之长，会导致你无法看到事物之间的关联，缺乏商业战略视野。

❾ **学会拒绝无关紧要的工作要求。**把他人的请求转换成仅需 5 分钟的帮忙，不要一时兴起做出不成熟的承诺。只有你自己有权利掌控自己的时间分配。

❿ **消除自我优越感。**精英人群大多极具天赋和创造力，容易陶醉在伟大的概念性想法中。然而，即便是一些平凡枯燥的小事，也会影响整个项目，稍有疏忽可能便会功亏一篑。任何时候都要放下优越感，认真检查每项工作。

第 8 章

你不能期待别人培养你：千人千面世界里的残酷现实

史蒂芬·柯维说过："你怎样要求员工对待最佳顾客，就应该以相同的方式对待自己的员工。"[1]他说的一点都没错。

问题在于——公司通常不会这样做。确保管理者培养自己的团队成员至关重要，但企业在这方面做得远远不够。领导力培养公司 Lominger 的米歇尔·隆巴尔多和罗伯特·艾兴格表示："我们的模型中囊括了 67 种工作能力，其中'培养他人'在所有管理技能中排名倒数第一。也难怪许多领导岗位上的人都存在管理能力不足的问题。许多企业都不知道如何培养员工的管理能力。"[2]他们二人对来自 140 个国家的 6 000 多名独立贡献者、管理者、高管人员的 360 度绩效评估报告进行了研究，得出这一令人震惊的结论。超过 47 000 位上级、同级、直属下级、客户对这 6 000 名员工多种与工作相关的技能与能力进行了评分。结果发现，"培养他人"排名倒数第一，"激励他人"排名 59，"建立高效团队"排名 57。想必你对现状已经大致有所了解。

我在凯洛格商学院任教期间，每年都能够接触上百位年轻有为的工商管理硕士。其中许多人都会预约我的办公时间，与我讨论他们的职业抱负。很多对话都是这样的："我希望未来有一天成为企业家——要么去一家处于增长阶段的初创企业，要么自己创业。但是在那之前，我要先去某处（大型《财富》500强企业或顶级咨询公司）上班，一方面把助学贷款还清，一方面学习一些技能。他们会为我提供培训，提升我的运营、营销等能力。”然后他们会问我：“您觉得我的想法如何？”我会说：“听起来不错，但是我有一点疑惑：你所谓能够为你提供培训的‘他们’是指谁？数据显示，‘他们’这样的人并不存在。”

接着我会继续说：“只有你能够提升自己的能力。你应该建立‘事事靠自己’的态度。如果说有人非常想要帮助你实现进步——有人非常希望你能够获得成功、希望你一切都好，那个人一定是你自己。你是实现一切目标的基础，你需要主动改变。其他人不会帮你做这些。多数管理者和企业在培养管理能力与领导力方面差强人意。如果在你的职业生涯中，你遇到一位真正在意你职业发展的老板，愿意花时间一起为你制订发展规划，那么你很幸运。大多数老板一心只顾自己的问题，没有时间关心你的问题。”

麦肯锡针对77家美国大型企业进行了一次调查，就公司的人才发展策略采访了6 000多名高管。其中，仅有3%的受访者表示公司拥有高效的员工发展策略！尽管73%的企业表示绩效反馈与职业培训对个人发展至关重要，但是，仅有30%的受访者认为公司在业绩反馈和员工培训方面做得很棒或不错。[3]

所以，你不能一味依赖别人，否则一定会失望。

阻碍员工发展的最大因素之一是没有收到清晰、及时的业绩反馈。Lominger 的调查显示，向下属提供负面反馈是“管理者最讨厌的事情，因此，员工无法获得所需业绩反馈并基于此改正自身问题”。[4] 1995 年，我在菲多利收到的那份让我幡然醒悟的绩效反馈并不存在不温不火、不明不白的问题。老板迈克直截了当地告诉我：“你没有听从我的命令。你对我委派的重要任务不够投入。你认为这不是你的任务，而是我的任务。我希望你可以离开我的团队。而且鉴于你的表现，市场部的领导层认为你不具备升职为管理者的潜力。”砰！砰！砰！然后再致命一击。卡斯特倒下了！卡斯特倒下了！但是，我需要感谢迈克——之后我也确实这样做了，感谢他敢于给予我直截了当的反馈。正是因为他的直言不讳，我才意识到自己多难管理，并开始着手解决自己的问题。

格雷格·韦尔奇是全球顶尖的高管猎头公司之一斯宾塞–斯图尔特的高级合伙人，我曾问他哪些因素会阻碍职业发展。他说：“第一个就是没有得到及时、有用的绩效反馈。员工无法得到反馈，便无法基于此发展自身技能。员工需要不断获得实时反馈与指导。[5] 即便是全球最具天赋的高尔夫球手之一罗里·麦克罗伊都需要教练跟随，为他提供及时的反馈。”2016 年，麦克罗伊在两场重要比赛中惨遭淘汰，其中一场比赛的主要问题在于推杆。在那次比赛中，麦克罗伊推杆一项的成绩排在 130 位。[6] 之后，他又雇了一位教练（推杆教练）。他请教练菲尔·肯尼恩帮助他提高一直以来的薄弱项。麦克罗伊谈及推杆时说道："当时就是感觉不对。我觉得找菲尔帮忙是再自然不过的事情……我希望自己每周都能进步一点点。"[7] 菲尔在推杆方面给出的反馈一定非常中肯，因为麦克罗伊一个月后再次回到赛场上时赢得了年末的 PGA 长青巡回赛（一项美国职业高尔夫球系列赛事）以及联邦快递杯，成为当季 PGA 巡回赛冠军。

我的同事克雷格·沃特曼是一名创业者，他与我分享了他所谓的"世界上最简单的反馈框架"。他在自己的销售咨询公司 Sales Engine 使用这一框架进行管理。克雷格说："在为团队成员或客户提供有益反馈时，我会进行以下 4 个简单的步骤，并且会在事情发生后立刻行动，不论是一次展示还是一场重要会议。第一步，我会问：'你觉得自己刚刚哪件事做得很好？'然后我会保持沉默，认真倾听。他们说完以后，我会说'我觉得你这件事做得很好'。这两步是为了建立他们的信心。然后我会继续问：'你觉得哪件事自己可以换种方式做？'然后我会再次保持沉默，认真倾听。他们说完后，我会说'我觉得这件事你可以换种方式做'。这是为了提高他们的工作能力。然后我的工作就完成了。我不会喋喋不休，在很多方面提出反馈。人们只能记住并且执行一件事。我会保证反馈过程简单明了，但是会频繁提供反馈。"[8]

从调研与个人经历中，我发现"事事靠自己"的态度对女性来说尤为重要。当然，导致公司高层女性较少的原因复杂多样——大多与工作本身无关，但是负责任的高管仍需对此有所了解，例如对女性不利的组织与教育政策、隐性与显性的性别歧视。[9] 尽管导致男女职业脱轨的主要原因基本一致，但是研究表明，相比男性，女性更易遭遇职业问题。原因在于女性通常会低估自己的技能与能力，而且在出现晋升机会时较少“毛遂自荐”。坎迪斯·弗兰克维吉亚是创造性领导力中心一名经验丰富的高管职业教练。坎迪斯告诉我：“对女性来说，最大的职业挑战就是她们的自我认知——具体说来就是对自己的工作能力水平缺乏信心。女性通常会低估老板对她们的评价。她们认为老板不论男女，都会低估她们的工作能力。我帮助过许多女性认清他人对自己的评价，以此来提升她们的自我意识，增强她们的信心，让她们更加坚定果断。”[10]

许多女性在谈及自己做领导或高管的经历时都会不停地抱怨。[11] 全球咨询公司麦肯锡的高管、卡夫食品的前联合首席执行官贝齐·霍尔登对此也深有体会：“我经常看到女性在为自己坚定发声时感到别扭，也见证了这一行为如何阻碍了她们的职业发展。这是过去几十年间我一直在努力解决的问题。”[12]

霍尔登提出了 4 个阻碍女性职业发展的因素：

- 结构性因素——相比男性，女性很难进入公司的内部关系网。哈佛商学院教授鲍里斯·格罗斯伯格的研究表明，在男性主导的工作场所中，女性的被接纳度更低，接触内部导师的机会更少。[13]他还发现，女性由于担心引发道德问题，通常不愿意与男性建立密切联系，这导致问题愈加复杂。结构性因素必然会影响女性的职业发展。业绩卓越的女性克服这一挑战的策略之一便是建立强大的外部关键人物网络（其中包括客户、供应商、前同事等）并加以利用，帮助自身获得事业成功，同时提升职业灵活性，为未来的职业变更奠定基础。格罗斯伯格采访的一位成功女性说："不论哪个行业，女性通常更容易关注外部环境，在外部环境中找到实现成功所需的服务并做出行动。这比在男性主导的企业中驾驭内部关系网与权力结构更容易。"[14]然而，格罗斯伯格表示解决这些结构性障碍并建立良好的内部关系十分重要。研究显示，"如果没有建立良好的内部关系，人们便会失去信任，之后很快便会失去工作。女性应该充分利用和借助在外部关系网中获得的成功，建立良好的内部关系"。[15]

- 生活方式——女性经常面临工作与生活的平衡问题，导致她们缺乏职业灵活性。
- 惯常思维——人们对女性的行为一直以来都抱有偏见。研究表明，相比男性，女性的可接受行为范围更窄。贝西·霍尔登说："如果男性一拳砸到桌子上、高声说话、强调自己的观点时说脏话，人们会认为他‘个性很强’，但如果女性这样做，人们便会认为她‘行为不当’。”

- 个人心态——女性由于对自己的能力缺乏准确认知，会一再退缩，例如她们不会主动为自己发声。霍尔登说：“通常来说，女性在提出要求时没有男性果断，不是指在工作任务上，女性在这方面与男性一样果断，而是指在职业发展方面。如果需要 10 种能力才能确保完成一项新任务，女性在具备这 10 种能力后才会主动争取这项任务，而男性具备 5 种能力时便会主动争取。女性更在意他人对自己的看法——担心别人认为自己过于激进果断。男性却不会。女性会想：‘如果我足够优秀，别人会发现我。’她们不喜欢自卖自夸、自吹自擂。我经常告诉女性：‘你是自己生活的主宰！必须主动争取自己想要的东西。其他人不会帮你。’” [16]

作为老板，我也经常注意到贝齐·霍尔登提到的这些因素。尤其是我发现与男性同事相比，极具天赋、业绩卓越的女性很少提出升职加薪的要求。我在沃尔玛在线购物平台担任首席执行官期间，每年进行业绩评估时，男性下属通常会要求更高的薪资和业绩奖金。但是女性下属很少提出这种要求。即便是表现最好的女性员工，也只会翻到业绩评估报告的最后一页、看一眼自己的薪资和奖金，点头说声谢谢。男性员工会说：“卡特，你太让我伤心了！我去年这么努力工作！带领团队取得了如此惊人的业绩。你应该再给我加 15 000 美元的奖金。这点钱对偌大的公司来说只是皮毛。”但即便是业绩最好的女性，也很少提出这样的反对意见。为什么呢?

相比于男性，为自己发声、“毛遂自荐”的过程通常对女性来说更加困难，因为她们还需要面对公司内部的隐性歧视。有些偏见一直存在，例如“双重约束”困境（女性需要同时面对两个无法调和的需求：既要符合女性一贯的温柔、关心他人、无私的形象，同时要保持果断坚决、独立自主的领导形象），这导致女性更难在个人事业发展方面为自己发声。[17] 大量研究表明，在一直以来由男性主导的领域表现出色的女性虽然会被认为精明能干，但是这种可能性远远低于男性。有些行为由男性来做便是自信果断，会得到嘉奖；由女性来做便是狂妄自大，会被旁人嗤之以鼻。[18] 女性不得不花费大量精力把控“领导能力”与“受人喜欢”之间的平衡，同时在业绩评估时为自己发声。

我不足以在这方面提供有用的建议。但是我认识许多女性，她们通过加入 Lean-In 圈子或其他面向女性的专业网络和高管网络，获得了职业成功。[19] 商学院和专业组织也投入越来越多的时间和精力，来指导女性应对歧视问题，营造关注女性的安全环境，确保她们能够在这样的环境中“不断践行”强大领导者的角色，进一步了解她们面临的独特挑战。这些都是难能可贵的社会支持，尤其是对那些在公司里没有导师和支持者的女性职员而言。这些组织能够提出应对策略，帮助女性克服企业中的职业壁垒。

为自己量身定制职业道路的 8 个步骤

对你的职业道路真正感兴趣的人只有你自己，因此你必须积极管理自己的职业道路，推动职业发展。请独立完成以下 8 个步骤。

确定战略目标与业绩目标

如果目的不明确，那么你便无法实现自己的目标。你应该合理规划职业指标，列出关键成功指标。能够与上级一起完成这些工作便再好不过。但是，如果上级认为这并不属于他 / 她的工作范畴，你可以自己整理并写下来，然后征求上级的意见。记住：目标一定要明确具体、便于衡量、切实可行、有价值意义、有时间限制。例如，我不会将目标定为“明年上市一组多堤士系列新品”，而会定为“在第四季度之前上市一组多堤士系列新品，预计产生 3 000 万美元的收益”。

解决盲点

要主动征求发展意见和业绩反馈，不论是正式的还是非正式的，这个话题我强调过多次。业绩卓越的员工会通过学习和调整提升自己。请养成习惯：做完一次展示、完成一个项目或活动后，立刻向上级、同级、下级征集反馈意见。你可以问："刚刚我表现如何？有哪些地方还有待提高？"刚开始，他们会犹豫是否要给出直白的反馈。但是如果你不断要求，他们会意识到你是真心想要提高自己，事情便会如你所愿。例如，1995 年在菲多利遭遇职业脱轨后，我便对研发部的科研专家迪克·理查德说："嘿！如果你再看到我对高级管理层出言不逊，可不可以敲敲桌子下面提醒一下我？这是——怎么说呢——我上一份业绩评估报告中提到的我有待提高的地方。”他笑着说道：“没问题！我非常乐意在你做出不明智举动时提醒你。”另外，你可以对自己进行 360 度绩效评估。看到自己的弱点并不好受，但是 360 度绩效评估确实可以帮助你发现自己的盲点。我在菲多利时曾做过一次 360 度绩效评估，其中有一条十分有用的评价让我至今记忆犹新：“卡特：会议之前或之后再表现你‘有趣的一面’吧。总在会议上展现‘有趣的一面’会让人分心。”［我觉得那时的我就像乔治·卡林（美国著名的单口喜剧演员）一样。］如果所在公司没有正式的 360 度绩效评估项目，你可以对自己进行 360 度绩效评估，询问与你共事的同事自己哪方面做得不错、哪方面有待提高、哪些方面可以做得更

好，以便支持他们的工作。

弥补技能鸿沟

请将做好工作所需的关键技能列在个人鉴定表上；评估自己当前的能力水平。询问他人他们认为哪些技能你比较擅长，哪些技能你仍需进一步学习；争取在岗培训机会，弥补技能缺陷；实时衡量自己的进展。例如，如果你在一家向大型企业售卖软件的公司工作，岗位是销售经理，你可以通过哪些方式将自己拉新客的能力从 C 提升至 B+ 或 A？或许你可以问问周围的人，找到最擅长拉新客的员工，拜托他让自己旁听几次他与客户的电话沟通。或许你可以请求老板或同事与你进行角色扮演——假如她是潜在客户，你对她

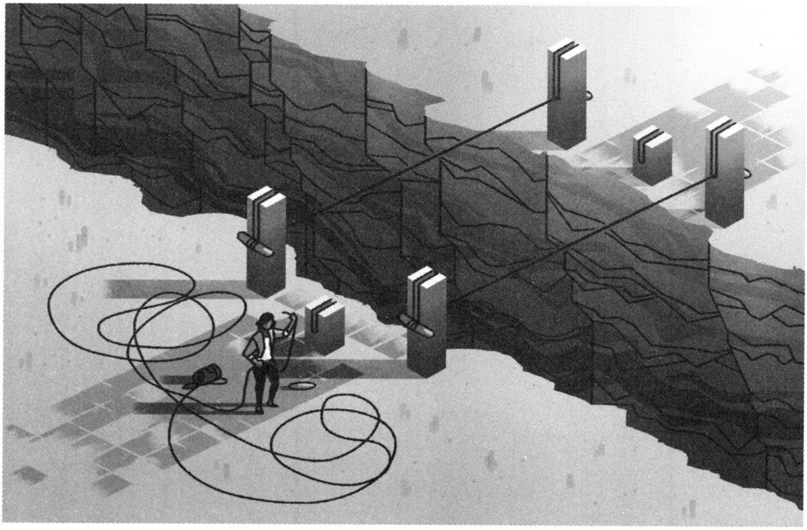

进行销售，之后请她为你提供一些销售方法方面的小技巧。或许你可以进行线上调研，寻找并参加关于销售技巧的研讨会。

寻找导师

建立一段导师/学员关系非常困难；相比于正式请求某人做你的导师，自然而然形成的导师/学员关系效果更好。请找一位你十分钦佩、与你价值观相同，并且在对你职业发展至关重要的领域有丰富技能与经验的人，请她一起吃午饭。如果进展顺利，她可能会说："之后我们可以再约。"几周之后再次邀请她一起吃饭，并且保持一定的频率。你可以找四五位真正关心你并且明察善断的人，建立自己的个人董事会也不失为一个好方法。他们能够在职业管理、工作与生活平衡等方面为你出谋划策。几年前，在纠结是否要写本书并且不了解自己将会在上面花费多少精力时，我找到畅销书《驱动力》及《全新思维》（*A Whole New Mind*）的作者丹尼尔·平克，向他寻求意见。我通过西北大学的一位校友接触到丹尼尔。他对我说了一些鼓励的话："在有关领导力的书籍中，讨论人们所做的正确事情的书数不胜数，但讨论人们所做的错误事情的书寥寥无几，"然后他问我，"你是否喜欢这个论题到愿意花至少三年的时间在上面——一年针对话题进行调研，一年进行写作，一年推广营销这本书？"我坚定地说出答案后，丹尼尔说："如果是我的话，下一步我会写一个全面的书籍大纲。这可以帮助你了解写书的材料是否充足。有时在写书籍大纲时，比如写到每一章节的梗概，你会发现自己的内容不够——这些内容只够写一篇文章，不够写一本书。”丹尼尔的两个建议对我来说都非常受用：一个是时间方面（我用了4年），一个是书籍大纲（我写了50多页的书籍大纲，之后才有信心自己的内容足够写一本书，而不是一篇文章）。

建立一个学习圈子

每个月与同行打电话交流分享自己的想法、观点、吸取的教训。1999年时，我便开始这样做。当时是互联网发展的重要时期，我就职于Blue Nile，这是一家面向男性消费者售卖订婚戒指的初创企业。那时，电商仍处于发展初期。所以，我觉得建立一个同行圈（在不存在竞争关系的商业领域工作的一群电商营销副主管），大家一起分享自己的看法、讨论商业事件这个想法不错。每个月的电话会议上，我们会讨论各种话题，例如我们正在用什么广告、设计、网络代理公司以及我们的市场营销活动表现如何。最重要的是，我们会一起大笑，互相分享工作中的担忧与焦虑。这是无价之宝——让你在变化迅速、资本支撑的初创企业中不感到孤单。我们的同行圈在每次电话会议的最后，都会玩一个叫“本周你们公司的投资人又让你做了什么骇人听闻的事情”的小游戏。当我们互相分享各个投资人提出的相同要求时（例如“你说要 6 个月才能上市一个新品牌——我希望你能在 30 天内完成这件事”或者“或许你们应该在办公桌旁边放一张小床，这样你们就不用深夜开车回家睡觉了”。），我们会一起大笑，这非常解压。尽管 Blue Nile 的投资人都能力出色，而且提供了很大的帮助，但是他们会干涉公司的日常业务管理，导致我们还需要分心管理他们。《华尔街日报》2000 年 2 月刊中的一篇文章援引过我的一句话：“我还没有准备好让投资人来介入公司业务。有时，我甚至想说‘你到底让不让我工作’？”[20] 这时，我反抗上级、要求自主权的倾向便会显现出来！

制订学习计划

养成写日记的习惯；学到新东西时，请把它记下来。这可以帮助你系统地整理学到的知识，并加深你对它们的印象。写日记对我帮助很大，迄今为止，我已经写了20多本日记。其中，最重要的一本我将它取名为“私人笔记”，其中记载了许多生活哲学，包括我个人的方向以及我打算如何做：我的价值观与志向、具体的职业目标与人生目标，以及如何应对个人的缺点与弱势领域。这里面都是一些伟大思想家以及我敬佩的人物的名言警句。在每个日记本的首页，我都会写下这样一句话问自己：“如果我毫无畏惧，我会怎么做？”

增加你在高管面前的曝光率

人类是社会动物，公司高层也不例外。他们会提拔那些让他们觉得舒服的人。所以，要寻找机会——比如主动领导特殊项目或报名加入特别工作小组，你可以借此进一步了解公司高层。我在菲多利差点被辞退后不久便主动报名负责菲多利市场部的工商管理硕士招聘工作。我每周都要向市场部副总裁汇报招聘进度、组织协调几个备受瞩目的招聘会，首席执行官和他的高管团队还出席了其中一个招聘会。最后，我们招聘了一组能力很强的工商管理硕士。我敢肯定这个工作范畴以外的任务改善了高管团队对我的印象。

成为专家

选择一个对公司越来越重要的领域（同时也是你的兴趣所在）并进行深入学习。这样做的目的是让你成为深耕某一领域的专才。或许这一领域正在经历市场变革，例如 SoMoLo（社交，移动，本地化）效应对零售行业的影响、人工智能、数字赋能的医疗保健服务、可持续能源、智能设备和物联网。你可以回顾过往研究，自己进行研究，参加会议，在博客上谈论这一话题，或阅读撰写相关白皮书。我在 20 世纪 90 年代中期便这样做过。当时，我针对不断增长的健康零食领域以及消费者对“美食”消费的增加进行了调研和展示，还说明了菲多利应该如何适应这一趋势。我将自己的调研成果展示给公司市场部的几位高管，尽管（那时）公司并未因此减少产品中的含盐量和脂肪含量，但我意识到了这一大趋势及其对公司核心业务的影响。同时，这也向高管团队说明，我尽职尽责，为公司的未来着想。

企业在个人职业脱轨中扮演的角色

我必须提醒各位读者，在如今这个时代，你不仅不能依赖企业提升自己的专业能力，也不能依赖企业降低自己出现职业脱轨的概率。所谓“企业在个人职业脱轨中扮演的角色”是指：企业在不知情的情况下，会促使员工发生职业脱轨。

通常情况下，企业认为“极具潜力”的员工会得到快速晋升，但他们的职业路径非常狭窄。这会导致他们在新岗位需要新技能时无法适应，同时没有时间建立关键关系网，以便其在岗位职责范围进一步扩大时为他们提供帮助。《哈佛商业评论》中有一篇名为《力阻少年得志》（The Young and the Clueless）的文章，谈论的便是这一现象。作者说“将这些经验匮乏的管理者过快提拔至管理层，会导致他们没有机会通过时间和经验的积累培养情商——其中包括：与同事的沟通协调能力，危急时刻管理情绪的能力，或在提出变革时获得他人支持的能力。”[21]

此外，企业的行为导致员工只关注短期目标，未能建立长远的业务战略眼光。如果极具潜力的员工能够为公司创收，那么企业便会忽视他们的不良行为，导致这些员工不去解决自己的致命弱点，不去发展团队管理和领导能力。[22]

如果能够创造一个有助于以下三个基本领域的专业学习与发展的工作环境，那么天赋异禀的管理者发生职业脱轨的可能性便会降低[23]：

第一，优化员工反馈，方便他们找到自己需要改变的地方以及原因：

- 为员工制定清晰的业绩评估标准，明确阶段目标、战略目标、关键业绩指标。
- 为员工提供实时反馈——不论是正面反馈，还是负面反馈，或是有待提高的方面。

- 提供反馈时要清晰明确、言谈得体、保持同理心——不要对负面反馈含糊其词，反馈一定要具体明确，并且辅以实例强化论证。

第二，拟定发展规划、促成变革：

- 为变革提供资源支持与激励，请员工共同制定发展目标。发展目标需要涵盖发展技能，加深和扩宽行业知识，弥补薄弱之处，促进个人发展等方面的内容。
- 制定奖励体系，进一步强化发展目标。

第三，为员工的改变提供持续支持：

- 向员工提供榜样和职业教练，帮助他们实现发展。
- 提供培训和发展的机会。
- 鼓励员工参与新的学习体验（例如加入新项目或新任务，参加会议，旁观部门或领域专家的工作进行学习等）。
- 创造注重员工发展的文化氛围，如果管理者或领导者将员工发展作为工作重心之一，即可获得奖励。

总结思考

职业脱轨这一话题非常重要——一半以上的管理者和高管经历过职业脱轨！职业脱轨也会为企业带来巨额成本。出现职业脱轨的管理者和高管为公司带来的直接和间接损失甚至高于他们薪资的 20 倍。[24] 不论对于哪一层级，管理失效都会为管理者和公司带来极大的危害，因此企业和管理者必须像了解成功的特点一样，了解职业脱轨的特点。

我认为，职业脱轨的发生率会在未来几年增加，因为管理者和企业高效行事的大环境正在经历快速变革。科技发展日新月异，全球化形势不断变化，2008 年金融危机的残存影响等因素迫使企业更加精益求精，追求更加扁平化的组织结构。商业环境变化迅速，竞争越发激烈。因此，管理者需要在资源有限的情况下承担更多责任，在还未接受全套培训时不断换岗，这导致他们发生职业脱轨的可能性大大增加。[25]

尽管业绩评估报告是降低职业脱轨发生率的关键因素，但是它无法彻底根除这一问题。改变根深蒂固的行为习惯非常困难，只要避免过度利用，这些习惯也可以帮助我们有效解决问题。当我为有一个微观管理者老板或为公司的繁文缛节而感到沮丧时，喜欢惹是生非的个性便可以帮助我发泄愤怒。但是一旦做过头，便会导致老板和其他高管对我心生嫌隙。弥补自己的弱势领域需要我们考虑诸多互相关联的因素，然后据此制订行动计划。

不论你是因为哪种原因遭遇职业脱轨，都可以通过以下 6 个步骤解决问题[26]：

第一，确定什么是成功。

你已经发现自己存在职业脱轨的倾向。现在你希望自己是什么状态？你心中的“未来”是怎样的？你的目标是什么？你计划何时达成目标？在菲多利，我看到自己的业绩评估报告中“高管成熟度”变成四颗星（一颗星是非常差；五颗星是非常好。在之前的 8 年里，我的得分从未超过三颗星）时，我便知道自己喜欢惹是生非的问题已得到控制。我拿到四颗星时，在办公室里跳了一小会儿吉格舞，如果是前几年的话我肯定会在大厅走廊里跳舞。我感觉自己终于拨云见日。那之后不久，我便从经理升职为主管。

第二，了解自己目前的位置。

你当前的位置是什么？你当前的位置与你的目标位置之间关系如何？差距有多少？你需要向多个部门的同事寻求反馈——相比于同一团队的同事，他们和你的工作内容有所不同，而且是在不同的情境下与你共事。这样做是为了尽可能全面地了解别人眼中的你，以便你找到自己目前需要解决的问题以及与目标之间的差距。如果同事不愿提供反馈，你可以先说一两句自我评估的话鼓励他们。例如，你可以说：“本，在以过程为导向的会议中，我发现自己总是打断别人。你有没有见我这样做过？我还有哪些方面有待提高呢？”通过自我批评，你向对方表现出你非常乐意倾听他的意见。

第三，为自己需要改善的行为负责，了解搁置问题的后果。

你必须承认自己存在职业脱轨的倾向。俗话说：“你否认的事情最终会成为你失败的原因。”了解自己的问题后，你便会做出相应改变。但是，有效的激励因素往往是人们一直以来害怕的东西——害怕自己会失去应得的升职，害怕被降职或解雇。有时，我们需要明白万事都有结果。

我在沃尔玛在线购物平台担任高管时，团队里有一位非常优秀的运营人才。当时，他正在负责一个复杂的大型项目。他是团队中最聪明的人，思维比其他人更加敏捷。我发现，尽管他非常有天赋，但是同事并不想与他共事，因为他就像高峰期的交警一样对他们呼来喝去。他拥有远见卓识，十分清楚自己的目标。但是，他把团队成员当作他的辅助。他甚至把级别比他高的首席营销官当作他的辅助，最终他引起了大家的不满。没有人愿意与他共事，没有什么能够改变他，所以他的老板找到我，说道：“你和詹姆斯关系不错——能不能请你劝劝他？我真的无计可施了。”[27] 所以，我向詹姆斯提出了建议，却无济于事。几周后，我以更加严厉的方式再次劝说他，但是詹姆斯告诉我“公司总部的高管非常看好我的计划”。我说：“但是你的团队成员并不这样认为，他们一直要求退出你的项目组。”然后，詹姆斯对我说，或许公司需要一批更敬业的新员工。我忍无可忍，告诉他针对这种情况，我有一个三振出局的规定：第一步，提出问题并讨论解决方案；第二步，讨论是否取得进展，詹姆斯明显没有任何进展；第三步，要么祝贺这个人成功解决问题，要么直接开除。我问他："你知道我现在说的是什么意思吗？我们现在已经走到第三步了。"

接下来发生的事情让我目瞪口呆。詹姆斯这个人高马大的男人突然崩溃，眼里含着泪水说自己压力很大，因为他要负责这个大型项目，同时不能让整个公司失望。我给了他一些时间倾诉积压在内心的担忧，之后告诉他，他不是孤身一人，我们都会参与这个项目，他应该把同事当作队友。我告诉他，即便这个项目失败了，只要他做的没错，就不会有人对他失望，他也不会受到任何惩罚。我说："每个人都会对这个项目负责——我们是一个团队。如果我们刚好完成目标，也不错。如果超额完成目标——那就太好了。如果失败了也没关系。我们只需要朝着目标，高效做事，做好团队配合。"我认为这是一场至关重要的谈话。詹姆斯之前感觉整个公司的重担都压在他一个人身上。但是，当他意识到这并非他一个人的责任时，他不再像一个独行侠一样逼迫他人，业绩很快也得到提升。这个故事的彩蛋：詹姆斯现在是一家《财富》500 强科技公司的高级副总裁。去年他打电话给我（距离那次谈话已经过去 10 多年），告诉我那次谈话是他职业生涯的转折点。这次通话带给我的满足感远大于我实现年度利润目标时获得的满足感。

第四，抓住在待发展领域中经受考验的机会。

了解自己的待发展领域还远远不够——你还需要确定成功是什么，并且提出一个清晰可测的行动计划。然后，你必须想方设法抓住在岗培训机会，学习自己欠缺或薄弱领域的技能。你可以把这个当作在训练肌肉，目的是要形成肌肉记忆，不再重复之前的恶习。职业生涯早期，我在必胜客加拿大分部担任市场经理助理时，我对餐厅运营一概不知。因此，为了更好地了解店铺运营流程以及餐厅人员面临的挑战，我在几家必胜客门店做了一段时间的服务员和厨师。这段经历让我受益匪浅。之后，我在负责设计市场营销活动提升门店销量时，经常会基于在门店实践时积累的经验，确定营销活动是否与店铺运营状况相符。例如，有一次一位同事提议针对两个产品线（单份比萨卡利扎和烤饼）推出午餐促销活动，提供折扣。当时，我便提出建议，可以在午餐高峰期仅针对热卖比萨进行打折促销，因为比萨的制作流程更简单。

第五，寻找能够为你提供支持的人。

改变顽疾非常困难，你需要找到能够为你提供支持的人。首先，你的上司就是其中之一。此外，你还需要获得朋友、同事或者导师的信任，他们会在必要时提醒你，督促你改变旧习、学习新技能。我在差点被菲多利开除的9个月后，在一场会议上向销售部和市场部的高管展示我们面向西班牙客户推出的最新市场营销计划。我刚从会议室出来，我的上司史蒂芬·奎因便立刻把我拉到一边，甚至都没有问我“你觉得自己表现如何”。他直接说：“康普顿（销售部主管）问你为什么这个计划没有在测试市场试行时，你戒备心太强了。讲话也很不礼貌。他希望这个计划能够在测试市场试行意味着他看好这个项目！”史蒂芬接着又问道：“你当时应该怎么说？你说说看。”我说：“我本应该控制自己的情绪，然后告诉他我之后会将计划暂停，然后想办法尽快在测试市场推行这个项目。”史蒂芬说：“这就对了！你只需要退让一小步就可以。”然后他转身离开了。我知道他是为了我好，相比于我在会议上的表现，让他失望更令我伤心。

第六，使用一些方法或提醒手段来避免职业脱轨。

探索一些方法、指导原则或工具，这可以帮助你进一步强化想要培养的新习惯。我通常会使用以下几种方式：

- 在手腕上戴一个粗橡皮筋。（之前说过，我会写上“B”提醒自己在气氛紧张时先冷静下来再说话。）
- 在办公室电脑上方的墙上贴上提示信息。（例如，我会贴一张纸提醒自己上课时要“减少演示文稿数量，记得举例子”！）
- 一定要记住的首字母缩略词。[我的是“HILLS”：谦逊（humility，避免在不必要时出现自负的情况）；切忌冲动（impulse，先冷静，再说话）；认真倾听（listening，在他人了解你之前，先了解他人）；学会放手（letting，从错误中吸取教训，不再纠结过错）；服务意识（service，以他人为导向）。]

- 为自己默念几句话。（为了避免自己出现“爱出风头”的问题，我会默念“我要安安静静过完今天；我要安安静静过完今天”。）

最后，避免职业脱轨的最佳方式便是提高自我意识。你的长处是什么？你的短处是什么？缺乏自我意识是衡量管理者或高管是否面临职业脱轨的唯一指标。在本书开头我说过，研究表明，过度注重技能水平、低估人际关系问题的人比了解自己所面临的挑战以及长处的人遭受职业脱轨的可能性高 6 倍。[28]

通常情况下，公司发现员工的职业脱轨问题时已经晚了，但是员工无法承担这样的后果。当然，发展自己的长处也至关重要，但是优势无法抵消弱势的影响。我们都需要了解限制自己职业发展的弱势领域并努力克服。我写这本书的目的是帮助读者找到并思考潜在的职业脱轨问题，避免其在未曾预料的情况下受到影响。我相信我提供的一些建议一定能够帮助你解决问题。之后，你便可以继续提高自己的“正确条件”——通过不断学习，认真倾听，了解如何获得他人的信任与支持，保持“不断试错”（将失败看作学习机会，不断学习提升自己）的心态[29]，用心观察并提出疑问，尝试新事物和新方法，明白任何时候都可以提升自己，知道自己拥有无限潜力。

掌控团队的十大管理理念

从微观管理者转变为真正的领导者

❶ **决策。**管理者并不需要确保每个决策都必须正确，而是需要找到能够帮助你做出正确决策的人。

❷ **激励。**管理者应该丰富下属的工作职责，营造良好的工作氛围，激励员工发挥最大价值。给予员工信任和自主权能够起到激励作用。

❸ **公信力。**领导者建立公信力的最佳方式是勇于承认错误，并分享自己改正错误的过程。要避免理所当然的想法，凡事深思熟虑，少说多听。

❹ **忠诚。**士兵不会对一个抽象概念忠诚，他们只会对自己的团队和首领保持忠诚。相同的道理，员工不是对公司忠诚，而是对自己的同事和团队领导忠诚。

❺ **偏见。**管理者的固有偏见会通过其对“强者”和“弱者”的行为差异体现出来。切忌独行其是，要提出不带个人观点的开放性问题，给予团队成员探索多种可能的机会；进行后续提问；复述总结团队成员的观点，让他们知道你在聆听。

❻ **人本。**工作是由人完成的，人为因素才是业绩突出的主要原因！所谓的团队精神，就是一群互相关爱的人通力合作实现同一个目标。

❼ **理解。**管理者的工作是确保团队成员理解你所理解的东西。做出重大决策之前需要先咨询团队成员，至少要和他们分享你的思考过程以及你是如何做出这一决定的。

❽ **保守。**如果领导者不论何种情况都选择墨守成规、保持谨慎，会导致实质性工作无法得到落实。当公司业绩下降时，这类人便会成为处于弱势地位的人。

❾ **愿景。**制定令人信服的企业愿景，鼓励员工参与制定愿景，好的企业愿景能够吸引更多人才，激发沉寂在员工内心的雄心壮志。

❿ **坚定。**为了确定清晰的发展路径，领导者必须要直面团队中出现的问题。优柔寡断会影响整个团队，导致团队成员无法获得他们需要的支持，而你会失去公信力。

附　录

“错误条件”
职业脱轨评估[①]

这部分将会有 5 组问题。每组问题针对一个职业脱轨的诱导因素，例如人际关系问题（神奇队长）、无法兑现承诺（苦行僧）等。请在每个问题下面选择最符合自己以及当前职业状态的分数。请将回答这些问题当作自己正在和一位知心朋友聊天。换言之，一定要真实选择，这样评估结果才能对你的职业发展有所帮助。

人际关系（神奇队长）

1. 回想自己曾经收到的业绩评估或反馈，是否都在要求你提

① 卡特 · 卡斯特，2017。该评估问卷以卡斯特以及创造性领导力中心的调研为基础，由卡特 · 卡斯特在创造性领导力中心的西尔韦斯特 · 泰勒与道恩 · 巴茨的帮助下完成。未经卡斯特许可，请勿用于其他用途。

高人际交往能力（例如提高倾听技巧，降低戒备心，避免冷漠和粗鲁的态度或行为）？

很少 / 从不	←——————→			经常
1	2	3	4	5

2. 回想自己在高压情况下与他人共事时，是否经常情绪低落或暴躁易怒？

很少 / 从不	←——————→			经常
1	2	3	4	5

3. 询问同级与你共事的感受，你觉得他们会怎样回答？

很容易相处	←——————→			很难相处
1	2	3	4	5

4. 在解决工作问题，尤其是涉及冲突时，站在同事的角度思考问题对你来说是否困难？

很容易站在同事的角度思考问题	←——————→			很难站在同事的角度思考问题
1	2	3	4	5

5. 你是否愿意与他人共享决策权？

非常愿意	←——————→			非常不愿意
1	2	3	4	5

人际关系：1~5 题得分总计为 _____

管理和领导团队（单飞者）

6. 当同事或下属遇到工作问题、不知如何解决时，你是否会失去耐心？

很少 / 从不 ←——————→ 经常

1　　2　　3　　4　　5

7. 回想你的下属或公司的其他同事，你觉得他们是否愿意找你咨询工作问题？

非常愿意 ←——————→ 非常不愿意

1　　2　　3　　4　　5

8. 回想你如何将自己的商业规划告诉团队成员和同事。他们是否了解你的计划以及你认为实现成功必不可少的因素？

非常了解 ←——————→ 一点都不了解

1　　2　　3　　4　　5

9. 通常情况下，你在开会时主要是在倾听，还是在发表观点？

倾听 ←——————→ 发表观点

1　　2　　3　　4　　5

10. 当同事间发生冲突时，你是否会帮助解决冲突？

会立刻帮助解决冲突 ←——————→ 很慢地帮助解决冲突

1 2 3 4 5

管理和领导团队：6~10题得分总计为 ____

适应变化（1.0版本的人）

11. 当他人要求你改变工作方式时，你是否会很抵触？

不怎么抵触 ←——————→ 非常抵触

1 2 3 4 5

12. 新老板上任时，你能否轻松适应新老板的工作方式？

能够轻松适应 ←——————→ 很难适应

1 2 3 4 5

13. 你对影响所在业务及行业的最新技术了解多少？

非常了解 ←——————→ 一点都不了解

1 2 3 4 5

14. 工作以外，你是否经常阅读所在行业的相关资讯？

经常阅读 ←——————→ 不经常阅读

1 2 3 4 5

15. 针对你能否适应不同同事的不同性格，你的同事对你有何评价？

能够很好地适应 ←→ 无法适应

1 2 3 4 5

适应变化：11~15 题得分总计为 ____

战略眼光（“一招鲜”式的人）

16. 你如何评价自己利用技能解决商业问题的能力？

我会使用多种技能解决 ←→ 我依赖一两个核心技能解决

1 2 3 4 5

17. 在整个职业生涯中，你是聚焦于一种类型的工作、就任相似的岗位，还是有多种工作经历、负责过多种任务？

多个岗位 / 多种类型的工作 ←→ 相似岗位 / 一种类型的工作

1 2 3 4 5

18. 你认为自己对公司其他部门的工作以及工作重心了解多少?

非常了解 ←——→ 一点都不了解

1 2 3 4 5

19. 你是否经常收到反馈，要求你退后一步、考虑商业问题或全局状况?

很少 / 从不 ←——→ 经常

1 2 3 4 5

20. 你认为同事会如何评价你对公司竞争优势和弱势的了解程度?

非常了解 ←——→ 一点都不了解

1 2 3 4 5

战略眼光：16~20 题得分总计为 ____

兑现承诺（苦行僧）

21. 你是否经常无法按时完成工作?

很少 / 从不 ←——→ 经常

1 2 3 4 5

22. 商业环境千变万化，每日工作计划必定会受到影响。在此背景下，一周之内完成为自己确定的重点工作对你来说是否具有挑战性？

一点也不 ←→ 非常有挑战

1　2　3　4　5

23. 你是否确定自己充分了解所在岗位获得成功的关键因素？

非常确定 ←→ 一点也不确定

1　2　3　4　5

24. 如果同事向你提出你核心职责以外的请求，你能否自如地拒绝？

能够自如拒绝 ←→ 很难拒绝

1　2　3　4　5

25. 你是否经常还未充分考虑某种状况或某种做法便投入其中？

很少 / 从不 ←→ 经常

1　2　3　4　5

兑现承诺：21~25 题得分总计为 _____

测评结果

完成此项评估后，请计算每一部分的得分。你在某一部分（例如人际交往）或某一问题的分数越高，这个部分或问题就越可能阻碍你的职业发展。因此，你需要对此特别关注。

每部分得分：

人际关系（神奇队长） 1~5 题得分总计为 _____

管理和领导团队（单飞者） 6~10 题得分总计为 ____

适应变化（1.0 版本的人） 11~15 题得分总计为 ____

战略眼光（“一招鲜”式的人） 16~20 题得分总计为 ____

兑现承诺（苦行僧） 21~25 题得分总计为 _____

19~25 分：在这五大与职业脱轨密切相关的因素中，如果你的某项分数在 19~25 分之间，那么你需要特别关注这一方面，降低职业脱轨的风险。你应该主动提出一个解决方案。

12~18 分：在这五大与职业脱轨密切相关的因素中，如果你的某项分数在 12~18 分之间，你需要注意这一方面，尤其是得分为 4 分或 5 分的问题。如果不加以解决，它们便会阻碍你的职业发展。

5~11 分：在这五大与职业脱轨密切相关的因素中，如果你的某项分数在 5~11 分之间，那么你不需要担心这一方面。你对职业发展中的这一方面掌控较好。

致　谢

完成一本书比我想象中困难许多，但是我有幸得到许多帮助。

我想要感谢亚当·格兰特。谢谢你向我简述了《沃顿商学院最受欢迎的成功课》（*Give and Take*）一书中提到的特质，对本书的定位提供了宝贵意见；谢谢你发给我与此相关的研究与文章。此外，我还要感谢你将我引荐给我的代理人贾尔斯·安德森。

我想要感谢贾尔斯。谢谢你帮助我完成书籍大纲，让本书能够通过桦榭珀尔修斯出版公司（Hachette/Perseus Book Group）旗下的 PublicAffairs 出版社出版，并由约翰·马哈尼担任主编。感谢约翰·马哈尼在编辑此书时付出的心血以及严谨认真的态度。虽然有时你的高标准让我备感压力，但是正因如此，本书的质量才得到进一步提升。

感谢迈克尔·梅耶尔为这本书创作的插图。这些插图新颖独特，奠定了整本书的基调。而且与你共事让我非常开心。

感谢凯洛格商学院院长萨莉·布朗特一直以来给予我的支持。

你为我提供了各种资源，帮助我进行职业脱轨调查。最重要的是你对我来说是非常重要的导师。

感谢布鲁克·沃科维奇过去三年间的指导与鼓励。你给予我太多帮助，在此无法一一列举。我欠你一个大人情。要不我请你去度假村和水疗中心度假？

凯洛格商学院的同事、全日制工商管理硕士领导力发展项目的主任保罗·科罗纳有良好的判断能力，为本书提供了诸多建议。保罗，谢谢你的支持以及你提出的想法。

感谢马歇尔·戈德史密斯。谢谢你在这一领域的研究以及你的慷慨大方——你在每一阶段都给予我极大的支持。

感谢弗洛里安·谢弗为我的调研提供无私的帮助，谢谢你能亲自出马，拜托德勤管理咨询公司分享资源。感谢萨拉·德赖弗斯在我做调研早期帮助我整理文献综述。

感谢丹尼尔·平克。感谢你尽管与我素不相识，也仍然愿意接听我的电话，回复我的邮件，为我提供建议。多年来我始终铭记你的建议。

我衷心地感谢所有愿意接受我的采访、讨论职业脱轨问题的受访者。由于有些人要求匿名，因此我无法一一列出他们的名字。但是，我想要特别感谢以下愿意腾出时间，与我分享他们的洞察的人，他们是（排名不分先后）：布罗克·利奇、莱拉·塔拉夫、哈里·克雷默、利·汤普森、马特·麦考尔、劳拉·弗拉纳根、杰夫·斯马特、斯图尔特·卡普兰、丹·马里奥特、约翰·普莱曾茨、贝齐·霍尔登、道格·库什、亚娜·里奇、劳尔·巴斯克斯、凯文·默南、泰德·马丁、格雷格·韦尔奇、亚历克斯·莫伊、戴光荣、鲁思·马洛伊、施卢蒂·拉贾戈帕兰、托德·法兰西斯、埃里克·劳特巴赫、迪克·科斯托洛、蒂娜·詹姆斯、迈克·加姆森、阿纳·杜特拉、蒂姆·西蒙兹、贝齐·齐格勒、克雷格·沃特曼、奇普·康利、乔恩·莫里斯、迈克·吕希特、迈克·霍根、马克·布莱谢、莉莎·柯克帕特里克、玛丽·西蒙、马修·唐普勒、杰伊·费内尔以及加里·布里格斯。我肯定漏掉了一些人，我先提前说声抱歉！

学术研究是本书的基础。我借鉴了以下专家和机构的理论研究：罗伯特·霍根与乔伊斯·霍根、创造性领导力中心的研究团队（几年前开创了针对职业脱轨的研究）、迈克尔·隆巴尔多、理查德·艾兴格、摩根·麦考尔、罗伯特·凯泽、罗伯特·卡普兰、马歇尔·戈德史密斯、威廉·金特里、乔治·霍伦贝克、约翰·曾格、约瑟夫·福尔克曼、戴维·多特利奇、彼特·卡伊罗、琳达·希尔、西德尼·芬克尔斯坦、光辉国际（尤其是戴光荣先生）、合益集团、珍·布里坦·莱斯里、埃伦·万·维尔索、戴维·麦克莱兰、丹尼尔·平克、丹尼尔·戈尔曼以及 V. J. 本茨（针对管理者的职业脱轨问题进行了大量前沿性研究）。我并未将所有人全数列出——有很多人在此并未提到，但他们针对职业脱轨的研究也给予我很大的帮助，我在此向他们道歉。

我非常幸运，从业30年来遇到众多很棒的老板和值得学习的典范。有些人曾经拯救我于水深火热之中（史蒂芬，你在看吗？）。我想要衷心感谢拉里·凯茨、鲍勃·布伦特、史蒂芬·奎因、布罗克·利奇、迈克·韦弗、米克·帕罗特、珍妮·杰克逊、约翰·弗莱明、萨莉·布朗特、克丽丝·吉尔真蒂、以及J. B. 普里茨克。没有他们，就没有今天的我。感谢迈克·霍根在1995年我发生职业脱轨时点醒我。此外，我想要特别感谢百事集团的高管吉尔·巴特勒，感谢他曾在我职业发展的重要时期鼓舞我。

感谢我的母亲梅格和我的父亲耶恩对我的鼓励。不论是写这本书，还是做一名教师（或者回到游泳赛场上），你们始终支持我的决定，让我有信心尝试困难重重的事情。

最后，我要感谢我的妻子、我的配偶、我的至爱阿莉森对我的爱和无条件的支持，谢谢她在写作期间对我的鼓励（“加油！你已经完成一半多了！”），谢谢她在我闭关写作时对我的理解。

哦对了！我正和我的孩子格伦、萨米和克莱尔共度快乐的亲子时光。

注 释

序言 盲点与暗门

1. **managers and leaders will derail:** Joyce Hogan, Robert Hogan, and Robert Kaiser, “Management Derailment,” in *American Psychological Association Handbook of Industrial and Organizational Psychology*, Vol. 3, ed. Sheldon Zedeck (Washington, DC: American Psychological Association, 2011), 555–575.
2. **flubbed a client presentation:** Rachel Feintzeig, “Everything Is Awesome! Why You Can’t Tell Employees They’re Doing a Bad Job,” *Wall Street Journal*, February 10, 2015, https://www.wsj.com/articles /everything-is-awesome-why-you-cant-tell-employees-theyre-doing-a -bad-job-1423613936.
3. **state of incarnation:** For more on this topic, I would recommend read-ing Robert Kaiser’s *The Perils of Accentuating the Positive* (Oklahoma City: The Hogan Press, 2009), especially Chapter 2: “It Depends upon What You Mean by a Strength,” by Robert Eichinger, Guangrong Dai, and KingYii Tang, and Chapter 3: “Managerial Strengths and Organi-zational Needs: A Crucial Leadership Gap,” by Jean Brittain Leslie and Anand Chandrasekar.
4. **strong analytical skills:** Hogan, Hogan, and Kaiser, “Management Derailment,” 555–575.
5. **doesn’t do routines well:** Hogan Development Survey (HDS). “The Hogan Development Survey is a proven assessment tool that uses 11 personality scales to help leaders recognize shortcomings, maximize strengths, and build successful teams. The HDS measures a person’s tendencies when under stress. It answers the question: What tenden-cies could derail this individual’s career

or performance?" For more information on this assessment tool, see http://www.performance programs.com/hogan-assessments/hogan-assessments-2/hogan-hds/.

6. **expected levels of performance:** Michael M. Lombardo and Cynthia Denise McCauley, *The Dynamics of Management Derailment*, Techni-cal Report, No. 34 (Greensboro, NC: Center for Creative Leadership, 1988), 2.
7. **and needs, on the other:** Jean Brittain Leslie and Ellen Van Velsor, *A Look at Derailment Today: North America and Europe* (Greensboro, NC: Center for Creative Leadership, 1996), 34.
8. **career derailment event:** In our January 2016 survey of derailed man-agers, my team received survey responses from one hundred people (forty-six men and fifty-four women) whose years of full-time work expe-rience ranged from four years to thirty years, with a mean and median of fourteen years. All had experienced some sort of derailment event, resulting in being fired (47%), demoted (14%), or passed over for pro-motion (39%). Of the one hundred responses, ninety-three came from individuals who are currently employed. Eighty-nine respondents dis-closed their most recent individual annual salary, approximately 36 per-cent of whom had a salary of less than $75,000 and 64 percent of whom made at least $75,000. Roughly 31 percent made more than $100,000. We filtered for years of full-time work experience (at least four) and a minimum/maximum age range of between twenty-seven and forty-five.
9. **they are usually wrong:** Peter Ferdinand Drucker, *Managing Oneself* (Boston: Harvard Business School Publishing Corporation, 2008).
10. **traced to relationship problems:** Hogan, Hogan, and Kaiser, "Man-agement Derailment," 2.

第 1 章　神奇队长：害人害己的"破坏大王"

1. **listen and learn:** Marshall Goldsmith, executive coach, in an inter-view with the author, October 2014. See also his book, *What Got You Here Won't Get You There: How Successful People Become Even More Successful* (New York: Hyperion, 2007).
2. **ethnicity or gender:** Examples abound. Here are just two: (1) "Leader-ship failure is a behavioral phenomenon," David L. Dotlich and Peter C. Cairo write in their fine book *Why CEOs Fail* (San Francisco: Jos-sey-Bass, 2003), xi. (2) According to leadership researchers Jean Brit-tain Leslie and Ellen Van Velsor,

who studied derailment extensively, "Derailment can almost always be traced back to relationship prob-lems," in "Why Executives Derail: Perspectives across Time and Cul-ture," *Academy of Management Review* 9, no. 4 (1995): 62–72.

3. **engendering trust:** Stuart Kaplan, in an interview with the author, September 2014.
4. **along with them:** Jana Rich, in an interview with the author, Novem-ber 2015.
5. **and being passive:** These six behavioral traits were compiled from vari-ous research studies, the most influential of which came from research by the Center for Creative Leadership, Lominger Limited Inc., and from Robert and Joyce Hogan' s Hogan Development Survey. www.hoganassessments.com.
6. **reached the NBA finals:** Mike DeCourcy, "Allen Iverson Regrets Being 'a Certified A—' to Larry Brown," *Sporting News*, April 4, 2016, http://www.sportingnews.com/nba/news/allen-iverson-hall-of-fame -induction-2016-larry-brown/4vgkkwbbbnre18xdk8umtx6tx.
7. **at the company:** Raul Vazquez, in an interview with the author, November 2015.
8. **for the entire team:** Brooke Vuckovic, in an interview with the author, November 2015.
9. **wasn't there before:** Ted Martin, founder and managing partner of Martin Partners LLC, in an interview with the author, February 2016.
10. **and blind spots multiply:** Michael M. Lombardo and Robert W. Eichinger, *FYI, For Your Improvement: A Guide for Development and Coaching*, 5th ed. (Minneapolis, MN: Lominger Limited, 2009), 460.
11. **in the United States:** Cecilia Brooks is not her real name. I altered it at her request due to the sensitivity of the information she shared.
12. **that is still used today:** Three of Karen Horney' s most influential books are *The Neurotic Personality of Our Time* (New York: W. W. Norton & Company, 1937), *New Ways in Psychoanalysis* (London: Routledge, 1939, reprinted 1999), and *Neurosis and Human Growth: The Struggle Toward Self-Realization* (New York: W. W. Norton & Company, 1950, reprinted 1991).
13. **"moving toward people.":** Karen Horney, *The Collected Works of Karen Horney: Self Analysis. Neurosis and Human Growth,* Vol. 2 (New York: W. W. Norton & Company, 1950).
14. **interpersonal behavior problems:** See the Hogan Development Sur-vey (HDS) for more information. HDS has eleven scales, or "dark side" personality dimensions, that measure how people behave when they are under stress. www.

hoganassessments.com.

15. **to Horney's work below:** Joyce Hogan, Robert Hogan, and Robert Kai-ser, "Management Derailment," in *American Psychological Association Handbook of Industrial and Organizational Psychology*, Vol. 3, ed. Shel-don Zedeck (Washington, DC: American Psychological Association, 2011), 555–575.
16. **have two or three:** David L. Dotlich and Peter C. Cairo, *Why CEOs Fail: The 11 Behaviors That Can Derail Your Climb to the Top—and How to Manage Them* (San Francisco: Jossey-Bass, 2003), xx–xix.
17. **own agenda over my boss's:** Hogan, Hogan, and Kaiser, "Management Derailment," 555–575.
18. **before acting upon them:** Daniel Goleman, "What Makes a Leader," in *Organizational Influence Processes*, ed. L. W. Porter, H. L. Angle, and R. W. Allen (New York: M. E. Sharpe, 2003), 229–241.
19. **very credible to me.:** Alex Moy, in an interview with the author, December 2015.
20. **react more productively.:** Laila Tarraf, in an interview with the author, October 2015.
21. **was wrong there too:** Melanie is not her real name. I altered it and her firm' s location, at her request, due to the sensitivity of the informa-tion she shared. The interview was conducted in November 2015.
22. **accurate self-awareness:** Guangrong Dai, Maynard Goff, Joy Hazucha, and James Lewis, "Detecting Derailers," Korn Ferry Institute, 2014, 3, http://www.hrpulse.co.za/downloads/Korn-Ferry-Institute-Detecting -derailers.pdf. Korn Ferry researchers analyzed nearly forty thousand 360-degree surveys and more than nine thousand self-assessments of leaders across the globe and compiled the results in December 2014.
23. **those of their raters:** Michael M. Lombardo and Robert W. Eichinger, *The Leadership Machine* (Minneapolis, MN: Lominger Limited, 2005), 58.
24. **give the Captain pause:** For a good overview of the 360-degree process, I' d recommend going to surveygizmo.com. Available at https://www.surveygizmo.com/survey-blog/guide-to-360-reviews-what-is-a-360-how -do-you-administer-360-feedback/.
25. **in their organizations:** Peter Coy, "Ten Years from Now," *Bloomberg-Businessweek*, August (2007): 42, https://www.bloomberg.com/news / articles/2007-08-19/ten-years-from-now-and.

26. **with accurate self-awareness:** Dai et al., "Detecting Derailers," 3.
27. **Hogan Development Survey:** For more information on the Hogan Assessment System, I' d recommend going to this site: http://www.hoganassessments.com/.
28. **customer-friendly initiatives:** Morgan W. McCall, *High Flyers: Devel-oping the Next Generation of Leaders* (Boston: Harvard Business Press, 1998), 35–37.
29. **strengths become weaknesses:** Daniel Ofman is a management coach and consultant and the founder of Core Quality consultancy. More information on him is available at http://www.toolshero.com /toolsheroes/daniel-ofman/.
30. **seeking in the conversation:** Michael M. Lombardo and Robert W. Eichinger, *The Career Architect Development Planner* (Minneapolis, MN: Lominger Limited, 2006), 22, 320–322.
31. **hurt them through overuse:** Guangrong Dai, research scientist at Korn Ferry International, in an interview with the author, January 2015.
32. **new clients for his firm:** I have taken several liberties on this story, changing the subject' s name and altering a few circumstances, in order to protect his anonymity.

第2章 单飞者："你靠边，我来做。"

1. **improve their performance:** I changed the subject' s name to protect her anonymity. The interview was in December 2015.
2. **find the right balance.:** Ibid.
3. **and dampens innovation:** Candice Frankovelgia, in an interview with the author, March 2015.
4. **to rely on others:** Ruth Malloy, in an interview with the author, March 2015.
5. **senior manager's group:** Eric Lauterbach, in an interview with the author, January 2015.
6. **allocating the workload:** Rajiv Chandran, Hortense de la Boutetiere, and Carolyn Dewar, "Ascending to the C-Suite," McKinsey & Com-pany, April 2015, http://www.mckinsey.com/global-themes/leadership /ascending-to-the-c-suite.
7. **to dig her way out:** Jackie is not her real name. I altered it and several job attributes, at her request, due to the sensitivity of the information she shared.
8. **managing the individuals:** Linda Annette Hill, *Becoming a Man-ager: How New Managers Master the Challenges of Leadership* (Boston: Harvard Business School Press, 2003), 284–285.

9. **how you made them feel:** Bob Kelly, *Worth Repeating: More Than 5,000 Classic and Contemporary Quotes* (Grand Rapids, MI: Kregel Academic, 2003).
10. **develop their skills:** Michael M. Lombardo and Robert W. Eichinger, *The Career Architect Development Planner* (Minneapolis, MN: Lominger Limited, 2006), 183.
11. **move toward confusion:** Linda Annette Hill and Kent Lineback, *Being the Boss: The 3 Imperatives for Becoming a Great Leader* (Boston:Harvard Business School Press, 2011).
12. **the power of a positive no:** Kerry Patterson, *Crucial Conversations:Tools for Talking When Stakes Are High* (New York: McGraw-Hill Edu-cation, 2002); William Ury, *The Power of a Positive No: How to Say No and Still Get to Yes* (New York: Bantam, 2007).
13. **rules of the game:** W. Chan Kim and Renée Mauborgne, "Fair Pro-cess: Managing in the Knowledge Economy," *Harvard Business Review* 81, no. 1 (2003): 127–136.
14. **about organizational matters:** Jean-Francois Manzoni and Jean-Louis Barsoux, "The Set-Up-to-Fail Syndrome," *Harvard Business Review* 76, no. 2 (1997): 101–113.
15. **for team members:** Brooke Vuckovic, in an interview with the author, September 2016.
16. **and useful framework:** Relly Nadler, "Are You Guilty of the Man-ager Misstep?" *Psychology Today*, May 25, 2016, https://www.psychologytoday.com/blog/leading-emotional-intelligence/201505 /five-steps-improve-your-listening-and-empowerment.
17. **delegate and motivate:** Stuart Kaplan, in an interview with the author, August 2014.
18. **and having autonomy:** Patricia A. Renwick and Edward E. Lawler, "What You Really Want from Your Job," *Psychology Today* 11, no. 12 (1978): 53.
19. **to do their best:** Daniel H. Pink, *Drive: The Surprising Truth about What Motivates Us* (New York: Penguin Group, 2011).
20. **and self-expression:** Frederick Herzberg, *One More Time: How Do You Motivate Employees* (Boston: Harvard Business Review, 1968).
21. **the right decisions:** Dick Costolo, in an interview with the author, May 2016.
22. **a shot of confidence:** Daniel Goleman, "Leadership That Gets Results," *Harvard Business Review* 78, no. 2 (2000): 4–17.

第3章 1.0版本的人：固守己见、墨守成规

1. **managers who derailed:** Ellen Van Velsor and Jean Brittain Leslie, "Why Executives Derail: Perspectives across Time and Cultures," *The Academy of Management Executive* 9, no. 4 (1995): 62–72.
2. **certainty to ambiguity:** Kevin Murnane, in an interview with the author, April 2015.
3. **hiring filters for us:** Tina James, in an interview with the author, April 2015.
4. **than situationally prudent:** David L. Dotlich and Peter C. Cairo, *Why CEOs Fail: The 11 Behaviors That Can Derail Your Climb to the Top—and How to Manage Them* (San Francisco: Jossey-Bass, 2003), 43.
5. **boss entered the picture:** Adya is not her real name. I altered it at her request due to the sensitivity of the information she shared.
6. **and become vulnerable:** "Overdependence" is cited broadly in derail-ment research, including Lombardo and Eichinger, *FYI*, 5th ed. 499–504; Cynthia McCauley and Michael Lombardo, *Benchmarks: An Instrument for Diagnosing Managerial Strengths and Weaknesses* (Greensboro, NC: Center for Creative Leadership, 1990); and Shel-don Zedeck, "Review of Benchmarks," in *The Twelfth Mental Measure-ments Yearbook,* ed. Jane Conoley, James Impara, and Linda Murphy (Lincoln, NE: Buros Institute of Mental Measurements, 1995).
7. **Andrew Wilson, who had just come in as CEO:** Ian Sherr, "Five Ways Electronic Arts Got Back in the Game," *CNET*, June 2, 2015, http: //www.cnet.com/news/five-ways-electronic-arts-got-back-into-the-game/.
8. **to an online content delivery service," Wilson said:** John Kehoe, "Electronic Arts Boss Andrew Wilson Is One of Australia' s Top Global CEOs," *Financial Review*, January 9, 2016, http://www.afr.com /technology/electronic-arts-boss-andrew-wilson-is-one-of-australias-top -global-ceos-20160103-glym9s.
9. **we operate as a single organization:** Andy Meek, "Electronic Arts' CEO onTr ansformingthe 'WorstCompanyintheU.S.,'" *FastCompany*,Novem-ber 7, 2014, http://www.fastcompany.com/3038121/innovation-agents /electronic-arts-ceo-on-transforming-the-worst-company-in-the-us.
10. **as part of the strategic changes:** Chris Morris, "Electronic Arts Hit with More Layoffs," *CNBC*, April 25, 2013, http://www.cnbc.com /id/100675226.
11. **people who weren't thinking about players—a.k.a. EA's customers—first:**

Adam Lashinsky, "How Electronic Arts Revived Itself," *Fortune*, July 14, 2015, http://fortune.com/2015/07/14/electronics-arts-games-revival/.

12. **"I hope we never appear on that list again, I truly do.":** Chris Morran, "EA CEO: We Don' t Want to Win Worst Company Award for 3rd Time," *Consumerist*, September 5, 2014, https://consumerist.com/2014/09/05 /ea-ceo-we-dont-want-to-win-worst-company-award-for-3rd-time/.
13. **As long as I draw breath, this will not happen again:** Ian Sherr, "How Electronic Arts Stopped Being the Worst Company in America," *CNET*, June 2, 2015, http://www.cnet.com/news/how -electronic-arts-stopped-being-the-worst-company-in-america/.
14. **learn so he could understand how to be effective in it:** Laura Flana-gan, in an interview with the author, August 2015.
15. **not allowing oneself to be deflected by the facts:** Barbara Wertheim Tuchman, *The March of Folly: From Troy to Vietnam* (New York: Ran-dom House Incorporated, 1985).
16. **the solution to "wood-headedness":** Michael M. Lombardo and Rob-ert W. Eichinger, "High Potentials as High Learners," *Human Resource Management* 39, no. 4 (2000): 321–329.
17. **accommodate challenges to their knowledge base:** Robert Kaiser and S. Bartholomew Craig, "*How Is Executive Success Different?*" Paper pre-sented at the Society for Industrial and Organizational Psychology' s Fall Consortium, St. Louis, MO, October 28, 2005. See also Nicky Dries, Tim Vantilborgh, and Roland Pepermans, "High Potential Identifica-tion: Examining the Developmental Perspective," *Personnel Review* 41, no. 3 (2010).
18. **in more career promotions:** Kenneth P. De Meuse, "What' s Smarter Than IQ?" *Korn/Ferry Institute Proof Point* (2011): 1–2.
19. **he or she received:** Cynthia D. McCauley, "Leader Training and Devel-opment," in *The Nature of Organizational Leadership: Understanding the Performance Imperatives Confronting Today's Leaders*, ed. Stephen J. Zaccaro and Richard J. Klimoski (San Francisco: Jossey-Bass, 2001), 347–383. Also see De Meuse, "What' s Smarter Than IQ?" 1–2.
20. **you're going to find yourself in real trouble:** Mike Gamson, in an interview with the author, January 2016.
21. **won't necessarily make you successful in the future:** David L. Dot-lich, James L. Noel, and Norman Walker, *Leadership Passages: The Personal and*

Professional Transitions That Make or Break a Leader (San Francisco: Jossey-Bass, 2004).

22. **transitions that we go through when progressing in our careers:** Ram Charan, Stephen Drotter, and James Noel, *The Leadership Pipeline: How to Build the Leadership Powered Company*, 2nd. ed. (Hoboken, NJ: John Wiley and Sons, 2011), 15–31. In this book, Charan et al. iden-tify six management/leadership transitions. I have simplified their work into four key transitions and added my own comments and examples to illustrate the principles in action. Also, in *Leadership Passages*, Dotlich, Noel, and Walker identified thirteen situations that involve transitional passages. They are: (1) joining a company; (2) moving into a leadership role; (3) accepting a stretch assignment; (4) assuming responsibility for a business; (5) dealing with a significant failure; (6) coping with a bad boss and competitive peers; (7) losing your job or being passed over for a promotion; (8) being part of an acquisition or merger; (9) living in a different country or culture; (10) finding a meaningful balance between work and family; (11) letting go of ambition (to focus exclusively on what you do well); (12) facing personal upheaval; and (13) losing faith in the system (and overcoming disillusionment).
23. **I'm going to just shut up and listen to you:** Marshall Goldsmith does a fine job of laying out this process in his best-selling book, *What Got You Here Won't Get You There: How Successful People Become Even More Successful* (New York: Hyperion, 2007).

第4章　一招鲜：小心技能缺口

1. **adjacent departments on which you have dependencies:** King Y. Tang and Guangrong Dai, *The Leadership Architect 2013 Global Norms. Report 2: Career Stallers and Stoppers Norms and Analysis* (Korn Ferry International, 2013), 3.
2. **lateral assignments that will broaden their perspective:** Signe Spen-cer and Chris Watkin, "Potential—For What?" Hay Group, 2006, 11.
3. **A single skill is never enough:** Michael M. Lombardo and Robert W. Eichinger, *FYI, For Your Improvement: A Guide for Development and Coaching*, 5th ed. (Minneapolis, MN: Lominger Limited, 2009), 506.
4. **who thought beyond the specific projects under their jurisdiction:** Names were changed or withheld in this interview due to the sensitive nature of the

discussion. The interview with the subject was in Decem-ber 2015.

5. **delighted customers and a thriving business:** For more on value chain activities inside the firm, I would recommend Michael Porter’ s influ-ential book *Competitive Advantage: Creating and Sustaining Superior Performance* (New York: FreePress, 1985).
6. **if they achieve short-term results:** Morgan W. McCall, *High Flyers:Developing the Next Generation of Leaders* (Boston: Harvard Business Press, 1998), 54–55.
7. **The guy was overly focused on getting to the next level:** Brock Leach, in an interview with the author, June 2016.
8. **working backwards as to how to get there:** Michael Luecht, chief executive officer of ML Realty Partners, in an interview with the author, December 2015.
9. **the company’s critical work flow:** For more information on this pro-cess, I would recommend reading Porter’ s book *Competitive Advantage: Creating and Sustaining Superior Performance* (New York: FreePress, 1985), chapter 2 “The Value Chain and Competitive Advantage.”
10. **the project was shuttered pretty quickly:** Names withheld in this interview due to the sensitive nature of the discussion. Interview was conducted in June 2016.
11. **“What skills do really well-rounded marketers have?”:** Philip Kotler, *Marketing Management*, 11th ed. (Upper Saddle River, NJ: Prentice Hall, 2003).
12. **Books:** http://favobooks.com/.
13. **I get my hands on stuff and play.”:** Dick Costolo, in an interview with the author, May 2016.

第 5 章　苦行僧：一味承诺却不付诸行动

1. **you do what you say you’re going to do:** Jamie Dimon at the JPMor-gan and Chase Founders Forum, May 27, 2015.
2. **though hers manifested differently than Bill’s:** I have changed the name of the coach and subject I interviewed due to the sensitive nature of the discussion. The interview was conducted in January 2016.
3. **which leads them to make commitments they fail to keep.:** In *FYI, For Your Improvement: A Guide for Development and Coaching*, 5th ed. (Minneapolis, MN: Lominger Limited, 2009), 423, Michael Lombardo and Robert Eichinger list this propensity as a reason for derailment.

4. **they pick up a shovel and dig:** Mark Blecher, in an interview with the author, January 2016. I changed the subject' s name to maintain his anonymity.
5. **prioritize, plan, and execute their work:** An example of a popular heu-ristic is the time management matrix that Stephen Covey popularized in *The Seven Habits of Highly Effective People* (New York: FreePress, 2004) and *First Things First*, with A. Roger Merrill and Rebecca R. Merrill (New York: Fireside, 1994).
6. **I doubt she'll be around much longer:** I changed the subject' s name in this interview due to the sensitive nature of the discussion. The inter-view was conducted in November 2015.
7. **now I QA everything to death:** Interview with John (last name with-held due to the sensitive nature of the discussion) in February 2016.
8. **his follow-up book, Making It All Work:** David Allen, *Making It All Work: Winning at the Game of Work and the Business of Life* (New York:Penguin Books, 2008), and *Getting Things Done: The Art of Stress-Free Productivity* (New York: Penguin Books, 2002).
9. **Second, learn how to turn a request into a five-minute favor:** Adam Grant talks about this approach in his best-selling book, *Give and Take:Why Helping Others Drives Our Success* (New York: Penguin Books, 2013).
10. **In some cases, they made career changes:** This came from a January 2016 survey of one hundred derailed managers (forty-six men and fifty-four women) whose years of full-time work experience ranged from four years to thirty years, with a mean and median of fourteen years. All had experienced some sort of derailment event, resulting in being fired (47%), demoted (14%), or passed over for promotion (39%). Of the one hundred responses, ninety-three came from individuals that are currently employed. Eighty-nine respondents disclosed their most recent individual annual salary, approximately 36 percent of whom had a salary of less than $75,000, and 64 percent of whom made at least $75,000. Roughly 31 percent made more than $100,000. We filtered for years of full-time work experience (at least four) and minimum/ maximum age range of between twenty-seven and forty-five.
11. **I learn about myself from the whole debacle:** Ibid.

第 6 章 职场中的正确条件

1. **raw intelligence:** John E. Hunter and Ronda F. Hunter, "Validity and Utility of

Alternative Predictors of Job Performance," *Psychological Bul-letin* 96, no. 1 (1984): 72. Also Frank L. Schmidt, "The Role of Gen-eral Cognitive Ability and Job Performance: Why There Cannot Be a Debate," *Human Performance* 15, no. 1–2 (2002): 187–210.

2. **than I do in theirs:** Dan Marriott, in an interview with the author, August 2016.
3. **good hand in life:** Dan Marriott, in an interview with the author, August 2016.
4. **out by an organization:** Lyle M. Spencer and Signe M. Spencer, *Com-petence at Work: Models for Superior Performance* (Hoboken, NJ: Wiley, 1993).
5. **and management:** Robert B. Kaiser, ed., "It Depends upon What You Mean by a Strength," in *The Perils of Accentuating the Positive* (Tulsa, OK: Hogan Press, 2009), 15–16.
6. **outcomes of the group:** This is based on research from a variety of sources: from Robert Eichinger and Michael Lombardo, primarily "The 6Qs of Leadership—A Blueprint for Enduring Success at the Top" (Lominger Limited Inc., http://leadershipall.com/wp-content /uploads/2012/12/The-6Qs-Of-Leadership.pdf); from the Hay Group, particularly the research paper "Potential—for What?" (https://www.haygroup.com/downloads/pl/misc/potential_for_what_uk.pdf); from Robert E. Kelly' s book *How to Be a Star Performer at Work: 9 Break-through Strategies You Need to Succeed* (New York: Three Rivers Press, 1999); and from John Zenger and Joe Folkman' s research covered in their book *The Extraordinary Leader: Turning Good Managers into Great Leaders* (New York: McGraw-Hill, 2009).
7. **"having a growth mindset.":** Carol Dweck, *Mindset: The New Psychology of Success* (New York: Random House, 2006).
8. **"manages conflict effectively.":** Eichinger and Lombardo, "The 6Qs of Leadership," http://leadershipall.com/wp-content/uploads/2012/12 /The-6Qs-Of-Leadership.pdf.
9. **plan for them.:** Harry Kraemer, in an interview with the author, Octo-ber 2015.
10. **persuasive with others:** Daniel Goleman in particular has done a great deal of research on this topic. For an overview, see his article, "Leader-ship That Gets Results," *Harvard Business Review*, March–April 2000, https://hbr.org/2000/03/leadership-that-gets-results.
11. **the conversation forward:** Greg Welch, in an interview with the author, November 2015.
12. **point of view:** Brock Leach, in an interview with the author, November 2015.

13. **interpersonal skills:** Laura Flanagan, in an interview with the author, August 2015.
14. **others' perspectives:** Ruth Malloy, in an interview with the author, March 2015.
15. **"We did this ourselves.":** Lao Tsu, *Tao Te Ching*, https://www.amazon.com/Tao-Te-Ching-Text-Only/dp/0679724346.
16. **personal indictment:** Angela Lee Duckworth has done a great deal of research on this topic. She defines grit as "sticking with things over the very long term until you master them." She says, "The gritty individual approaches achievement as a marathon; his or her advantage is stam-ina." Her research found that grit may be *the* best predictor of a person' s future success. Here she is in a 2013 TED talk: https://www.ted.com /talks/angela_lee_duckworth_the_key_to_success_grit?language=en. For more, see Angela L. Duckworth, Christopher Peterson, Michael D. Matthews, and Dennis R. Kelly, "Grit: Perseverance and Passion for Long-Term Goals," *Journal of Personality and Social Psychology* 92, no. 6 (2007): 1087.
17. **drive to succeed:** Doug Kush, in an interview with the author, May 2015.
18. **having the right stuff:** This formula was inspired, in part, by work from the Hay Group (in "Potential—for What") as well as work by Michael Lombardo and Robert Eichinger in "The 6 Qs of Leadership," http://leadershipall.com/wp-content/uploads/2012/12/The-6Qs-Of -Leadership.pdf, and "High Potentials as High Learners," *Human Resource Management* 39, no. 4 (2000): 321–329.
19. **fear control you:** Gary Briggs, in an interview with the author, November 2014.
20. **knowledge gap:** Robert E. Kelly talks about the importance of estab-lishing this knowledge network in his excellent book *How to Be a Star Performer at Work: 9 Breakthrough Strategies You Need to Succeed* (New York: Three Rivers Press, 1999).
21. **out for each other:** On this topic of an alliance network, I highly recommend Adam Grant' s fine book *Give and Take: A Revolutionary Approach to Success* (New York: Viking, 2013).
22. **the solid performers:** Eichinger and Lombardo, "The 6Qs of Leader-ship," http://leadershipall.com/wp-content/uploads/2012/12/The-6Qs -Of-Leadership.pdf.
23. **back in that discovery mind-set:** Mike Gamson, in an interview with the author, January 2016.

第 7 章 了解自己的驱动力

1. **Internet companies:** I have taken a few liberties in this interview, changing the subject' s name and altering a few circumstances in order to protect her anonymity.
2. **autonomy, and purpose:** This is based on David McClelland' s work at Harvard on need theory—see his book *The Achieving Society* (New York: D. Van Nostrand Company Inc., 1961) for more information— as well as Daniel Pink' s book *Drive: The Surprising Truth about What Motivates Us* (New York: Riverhead Books, 2011).
3. **with whom to work:** Pink, *Drive*, 207.
4. **pick my boundaries:** Ibid., 95. Seth Godin, *Tribes: We Need You to Lead Us* (New York: Penguin Books, 2008); and Seth Godin, *Purple Cow: Transform Your Business by Being Remarkable* (New York: Pen-guin Books, 2009).
5. **than the objective:** Pink, *Drive*, 137.
6. **49 industries and 34 nations:** Tomas Chamorro-Premuzic, "Does Money Really Affect Motivation? A Review of the Research," *Harvard Business Review*, April 10, 2013.
7. **they plateau afterward:** http://www.pnas.org/content/107/38/16489.abstract.
8. **donuts for everyone:** Ted Martin, founder and managing partner of Martin Partners LLC, in an interview with the author, February 2016.
9. **had no real interest:** I have changed the subject' s name in order to protect her anonymity. The interview was conducted in November 2015.
10. **direction they want to take:** Brooke Vuckovic, in an interview with the author, November 2015.
11. **needs that drive you:** Portions of this material came from the Hay Group in its work with David McClelland on motivations.
12. **underlying needs and drives:** Adapted from R. Steers and D. Braun-stein, "A Behaviorally Based Measure of Manifest Needs in Work-Settings," *Journal of Vocational Behavior* (October 1976): 254. I also received excellent counsel from Hay Group consultant Smruti Rajago-palan on better understanding one' s motives.
13. **to your own end:** I took the Hogan Personality Inventory, the Hogan Development Survey, the Riso-Hudson Enneagram Type Indicator (RHETI), and the Hay Group Picture Story Exercise (PSE). I highly

recommend the PSE to better understand your motives: http://www.haygroup.com/leadershipandtalentondemand/ourproducts/item _details.aspx?itemid=53&type=7.

14. **the affiliation motive:** Hay Group has conducted quite a bit of research in this area. For more information, go to http://www.haygroup.com and look under Picture Story Exercise (PSE).
15. **apply to your work:** Picture Story Exercise (PSE): https://www.haygroup.com/leadershipandtalentondemand/ourproducts/item _details.aspx?itemid=53&type=7&t=2; Personal Values Questionnaire (PVQ): https://www.haygroup.com/leadershipandtalentondemand/our products/item_details.aspx?itemid=38&type=7&t=2.
16. **sign up for.":** Mark Blecher, in an interview with the author, January 2016.
17. **"career best" experiences:** Kurt Sandholtz, "Achieving Your Career Best," *National Business Employment Weekly*, July 11–17, 1999.

第 8 章　你不能期待别人培养你：千人千面世界里的残酷现实

1. **your best customers:** Stephen R. Covey, *The 7 Habits of Highly Effec-tive Families* (New York: St. Martin' s Press, 2014).
2. **development store yet:** Michael M. Lombardo and Robert W. Eichinger, *The Leadership Machine* (Minneapolis, MN: Lominger Limited, 2005), 34.
3. **to their employees:** Elizabeth G. Chambers, Mark Foulon, Helen Handfield-Jones, Steven M. Hankin, and Edward G. Michaels, "The War for Talent," *McKinsey Quarterly* (1998): 44–57.
4. **performance problems:** Michael M. Lombardo and Robert W. Eichinger, *The Career Architect Development Planner* (Minneapolis, MN: Lominger Limited, 1996), 19, 120.
5. **feedback all the time:** Greg Welch, in an interview with the author, November 2015.
6. **strokes gained in putting:** http://www.golfdigest.com/story/rory-mcilroy -hires-putting-coach-to-help-stanch-the-bleeding.
7. **each and every week:** Ibid.
8. **I use it frequently:** Craig Wortmann, in an interview with the author, November 2016.
9. **explicit gender bias:** Recommended reading includes: Mahzarin R. Banaji and

Anthony G. Greenwald, *Blindspot: Hidden Biases of Good People* (New York: Bantam Books, 2013); Herminia Ibarra, Robin Ely, and Deborah Kolb, "Women Rising: The Unseen Barriers," *Harvard Business Review* 91, no. 9 (2013): 60–66; and Anne-Marie Slaughter, "Why Women Still Can' t Have It All," *The Atlantic*, July /August 2012, http://www.theatlantic.com/magazine/archive/2012/07 /why-women-still-cant-have-it-all/309020/.

10. **become more assertive:** Candice Frankovelgia, in an interview with the author, March 2015.
11. **leadership and as executives:** Books such as Sheryl Sandberg, *Lean In: Women, Work, and the Will to Lead* (New York: Random House, 2013); Katty Kay and Claire Shipman, *The Confidence Code* (New York: Harper Business, 2014); and Joanna Barsh, Susie Cranston, and Geof-frey Lewis, *How Remarkable Women Lead: The Breakthrough Model for Work and Life* (New York: Crown Business, 2011).
12. **chip away at for decades:** Betsy Holden, in an interview with the author, July 2016.
13. **internal mentors:** Boris Groysberg, "How Star Women Build Portable Skills," *Harvard Business Review* 86, no. 2 (2008): 74.
14. **male-dominated firm:** Ibid.
15. **internal relationships:** Ibid.
16. **No one else will:** Betsy Holden, in an interview with the author, July 2016.
17. **"ask for the sale.":** Ibarra, Ely, and Kolb, "Women Rising."
18. **rather than rewarded:** Ibid.
19. **networks for women:** https://leanin.org/
20. **let me do my job:** Suein L. Hwang, "Dot-Com Blur: Venture Capi-talists Discover the Weight of Marketing," *Wall Street Journal*, February 16, 2000, https://www.wsj.com/articles/SB950660543896923766.
21. **win support for change:** Kerry A. Bunker, Kathy E. Kram, and Sha-ron Ting, "The Young and the Clueless," *Harvard Business Review* 80, no. 12 (2002): 80–87.
22. **and leadership skills:** Morgan W. McCall, *High Flyers: Developing the Next Generation of Leaders* (Boston: Harvard Business Press, 1998), 53–56.
23. **three fundamental areas:** In *High Flyers*, Morgan McCall goes into more detail on the ways that organizations can improve their develop-ment efforts with talented managers.